해안공학
Coastal Engineering

머 리 말

우리나라를 포함한 전 세계의 해양 국가들은 해안과 해양을 적극 개발하거나 보존하기 위하여 노력하고 있다. 특히 조선 기술과 항만 기술의 발전으로 인하여 새롭고 큰 규모의 선박이 출현하고 있으며 해양운송의 중요성이 높아가고 있다.

근래 우리나라에서는 시화호 방조제를 건설하여 간척을 하고 있으며, 조력발전사업을 겸하여 시행하고 있다. 서남해안에서는 새만금 대규모 간척 사업을 추진하여 왔으며, 2006년 현재 방조제 완공 단계에 와 있다. 이 새만금 지역은 규모로 볼 때 세계에서 가장 넓은 간척 사업으로서 해안 개발의 중요성을 잘 보여주고 있다.

해안에서의 주요 이슈를 들어보면 육상, 해상 공간개발, 해양운송, 안전, 환경보존, 수산, 군사, 영토, 자원 개발을 들 수 있다. 이 중 일차적으로 중요한 분야는 해안 개발과 환경 보존 분야에 관련된 해양물리 요소라고 할 수 있을 것이다.

기존의 해안공학 서적들이 해양물리 분야에 치중하는 편이며, 나름대로의 크고 작은 장단점이 있다고 생각한다. 해안공학을 수학하고자 하는 사람으로서 전반적인 해안공학 지식을 접하는데 기존 해안공학 책으로 큰 어려움은 없었을 것이다. 그러나 기존의 대부분의 해안공학 서적에서 해안공학의 중요하고 넓은 분야 중 하나라고 할 수 있는 퇴적물 이동과 그에 따른 해안 지형변화에 관련하여 발전된 지식과 이론을 적절히 기술되어 있지 않아 독자가 균형 잡힌 해안공학 지식을 접하지 못할까하는 우려를 하게 된다. 부족한 저자인데도 불구하고 저자는 이 점에 유의하여, 기존의 해안공학 책이 여럿 있는데도 불구하고 또 하나의 해안공학 책을 내는 바이다.

본 해안공학 책에서는 해안 관련 공학 중 다음의 몇몇 소 분야에 대하여 자세히 언급하였다.

1. 해안 또는 항만 공학 전반의 문제를 이해함
2. 항만 설계 관련 이론 소개(구조공학, 수공학, 토질역학)
3. 해안 수리학(파동론, 조석, 퇴적물, 오염)
4. 해안 물리 현상의 예측 기법(수치모형, 수리모형)
5. 관련 정보 출처 소개(참고 문헌, 기관, 전문가, 해외기관)
6. 국민 대학교 토목환경공학과와의 교류 확대
7. 해안공학 유관 기관의 소개(해운항만청, 수로국)

본 책에서 수록한 내용 외에 해안공학 또는 항만공학 관련 자료를 원하는 경우에는 다음의 서적을 추가로 참고할 수 있다.

안수한, 강관원, 1983, 항만공학, 동명사.

최영박, 1982, 신편 항만공학, 문운당.

해운항만청, 1993, 항만 시설물 설계 기준서.

일본항만협회, 1992, 항만의 시설의 기술상의 기준 동해설.

한국해양연구소, 1984, 해양관측편람.

항만협회, 1991, 항만 편람.

Bruun, P., 1989, Port engineering, 4th ed. Gulf Pub.Comp.

BSI, 1984, Maritime structures (Morison's equation: erroneous)

CERC, Depart of the Army, 1984, Shore protection manual.

Dean, R., and Dalrymple, R.A., 1984, Water wave mechanics for engineers & scisntists, Prentice Hall, Inc.

Frankel, E.G., 1987, Port planning and development, John Wiley & Sons.

Goda, Y, 1985, and 2002, Random sea and design of maritime structures, University of Tokyo Press.

Horikawa, K., 1978, Coastal engineering, University of Tokyo Press.

Horikawa, K. (本間 仁, 日本), 1985, 海岸環境工學, 東京大學出版會.

Horikawa, K., 1988, Nearshore dynamics and coastal processes, Univ. of Tokyo Press.

Ippen, A.T., 1966, Estuary and coastline hydrodynamics, McGraw-Hill.

Komar, P.D., 1976, Beach processes and sedimentation, Prentce-Hall.

Massie, W.W., 1892, Coastal engineering, Delft Univ. of Tech.,The Netherlands.

McDowell, D.M. and O'Connor, B.A., 1974, Hydraulic behaviour of estuaries, Macmillan, 1977.

Price, W.G. and Bishop, R.E.D.,1974, Mathematics, random wave probabilistic theory of ship dynamics, Chapman & Hall.

Quin, A.D., 1972, Design & construction of ports & marine structures, 2nd, McGraw Hill.

Sarpkaya, T. and Isaacson, M.,1981, Mechanics of wave forces on offshore structures, Van Nostand Reinhold. (contains detailed wave/ current interaction)

Silvester, R., 1974, Coastal engineering, Elsevier Scientific Publishing Company.

Sorenson, R.M., 1978, Basic coastal engineering, Wiley.

Zienkiewicz, O.C., 1978, Numerical methods in offshore engineering, Wiley.

위에서 열거한 참고문헌이 주로 교과서적인 내용을 담고 있다면, 더욱 세부적이거나 전문적인 이론이나 정보는 전문 논문에서 얻을 수 있다. 해안공학의 주요 이론에 관련된 전문 논문 중 특정 항만 현황, 계획 또는 항만구조물에 관련된 논문을 열거하면 다음과 같다.

Akatsuka, Y., 1985, Speech published in Terra et Aqua, 30(Nov).

Bhattacharya, S. K., and Biswas, A.N., 1973, "Evaluation of harbor deepening projects," Proceedings of the ASCE, Journal of the Waterways, Harbors, and Coastal Engineering Division, Vol. 99, No. WW1, pp.111-123.

Bruun, P., 1971, "The Future port and sedimentation problem," Schiffund Hafen, Heft2, Vol.23.

9. Salam, A.M., 1974, "Suez Canal Dredging Plans, "World Dredging and Marine Construction, Oct. 1974, pp. 16-18.

Getz, J.R., Erichen, S., and Heirung, E, 1968, Design of cargo liner in the development of general cargo transportation, Trondheim: The Ship Reserarch Institute of Norway.

Makela, G. A., 1983, " A New Panama Canal," Civil Engineering (April)

Prefrement, R., and Radway, E. R., 1968, "Port Talbot, ore terminal of the future," The Dock and Harbour Authority, 49 (June): 45-50.

Soros, P., 1969, "Port Latta - Open sea loading terminal," Civil Engineering (Jan):62-65.

Steenmeyer, A., and Pheu, W. S., 1968, "Influence of ship building tendencies on harbor construction," Proceedings of the 5th International Harbor Congress s2. Antwerp.

Tooth, E. S., 1966, "Containerships in the ocean trades," The Dock and Harbour Authority, 47(July):73-76.

Van Houten, L.E., 1964," The bow mooring for berthing tankers," Civil Engineering (March): 60-62.

해안공학에 관련된 유용한 자료는 본 서에서 인용한 문헌 외에도 많이 있다. 향후 해안 항만공학 분야를 전문 분야로 선택하여 자격을 득하고 싶은 경우에는 토목기사, 항만 기술사 시험에 도전할 필요가 있다. 이러한 경우에는 과거에 출제된 항만 기술사 시험문제를 검색하여 참조할 것을 추천한다.

많은 서적, 논문과 같은 출판물의 내용에는 오류가 많게 적게 포함되어 있는 경우가 많다. 어떤 문헌을 참고하는 경우에도 내용을 확인하고 오류를 바로 잡아 가면서 문헌상의 이론을 채택할 것을 권한다.

이 책을 편찬하는데 도움을 준 많은 분들께 감사드린다. 이 책을 매개로 체계적인 해안공학을 학습하여 우리나라와 바깥 나라의 해안 개발 및 보존에 기여하는 전문가가 많이 있기를 희망한다.

2006년 2월

저자

차 례

제1장 해안공학의 범위

제2장 기 상

제3장 파 랑

제4장 장주기 파랑과 해류

제5장 조석과 조류

제6장 해안 퇴적물 이동

제7장 해저 지반과 기초

제8장 해안 구조물

제9장 항만의 역할과 현황

제10장 항만 시설물 설계

제11장 해안 수질 환경

제 1 장 해안공학의 범위

1.1 해안에서의 현상과 활동
1.2 관련 학문 분야
1.3 세부 전문 분야
1.4 중복 전분 분야
1.5 대상 분야 설정

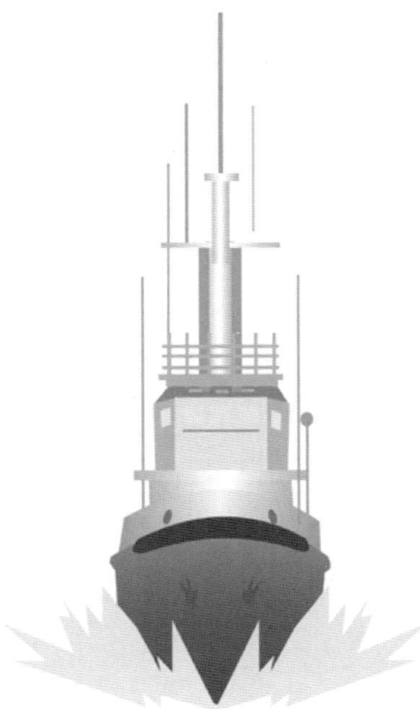

1.1 해안에서의 현상과 활동

해안에서의 자연적인 현상과 인위적인 활동을 통틀어 보면 매우 다양한 현상과 활동이 있다. 우선 해안에서의 주요 자연 현상을 들어보면 다음과 같다.

- 바람
- 파도
- 조석
- 조류, 해류
- 생물 서식
- 화학 작용
- 퇴적물 이동과 지형변화
- 해수면 상승
- 오염 물질 이동 확산
- 적조 발생
- 해양 지질 지형 변화

해안에서의 인간의 활동은 다음과 같이 대별할 수 있을 것이다.

- 어업(수산/양식)
- 탐험/개척
- 무역
- 해도 작성
- 군사
- 해운/조선
- 공간 활용

- 자원(석유, 광물, 해사, 심층수, 해수 내 성분)
- 해양 에너지
- 수자원(냉각수)
- 폐수처리/확산/폐기물 투기
- 관광

위의 여러 현상과 활동은 하나 하나 중요하고 큰 주제들로서, 하나 하나가 별도의 학문 또는 정책 분야를 이루고 있다고 할 수 있다.

위의 여러 현상과 활동에 관련된 학문은 부분적으로 더욱 발전할 여지가 많다고 할 수 있다. 예를 들면 현재에도 적조의 억제를 위한 기술을 개발하기 위하여 많은 전문가들이 노력하고 있는 중이다.

1.2 관련 학문 분야

해안공학은 해안역에서 필요한 모든 과학 기술이므로, 엄밀하게 본다면 거의 모든 과학과 공학 분야를 포함한다고 할 수 있을 것이다. 대표적으로 천체과학, 기상학, 해양학, 해양공학, 지질학, 기계공학, 전기 전자공학, 재료공학, 생명공학, 화학공학, 에너지공학, 조선공학, 환경공학을 들 수 있다. 해안역을 육지와 분리하여 생각할 수 없는 경우에는 육상의 문제와 결부하여야 하므로, 수문학, 하천공학, 하구공학과 관련이 깊다고 하겠다.

1.3 세부 전문 분야

해안공학과 관련이 있는 자연계 학문의 분야를 각각 세분할 수 있을 것이다. 예를 들면 해양학은 다시 해양물리, 해양화학, 해양생물학으로 분류할 수 있을 것이며, 해양공학을 해역별로 구분하여 해안공학을 분리하여 낼 수 있을 것이다.

1.4 중복 전문 분야

기상학과 같은 경우 대기가 해수의 움직임에 영향을 주는 과정이나 대기와 해수의 상호 작용 물리 현상에 관심을 두는 경우에는 해양물리학의 한 분야라고 볼 수 있다. 조석에너지, 조류에너지나 파랑에너지 분야는 에너지의 관점이냐 해양물리의 관점이냐에 따라 다르게 부를 수 있지만 내용상 같은 학문분야가 될 것이다. 구조물의 설계와 시공에 관한 기술은 토목공학의 해안역 응용이라고 볼 수 있다. 해안 준설에 관하여서는 준설선이나 준설기법을 해안공학 범주에 포함시킬 수 있을 것이다.

1.5 대상 분야 설정

여기에서는 해안공학 전 분야 중에서 극히 일부에 해당하는 분야만을 선정하여 기술하기로 한다.

해양물리의 한 분야인 기상, 파랑, 조석, 해안 퇴적물 이동의 기초에 관하여 설명하였다. 해안에서의 개발에 관련하여 해안 구조물, 해안 토질, 해안 오염에 관하여 계획에 관련된 부분을 기술하였다. 해안 구조물 중에서 가장 대표적인 구조물 집합체라고 할 수 있는 항만에 관하여 행정 경영을 포함하여 개괄적인 기술을 추가하였다.

이 책은 대학 또는 대학교의 학부과정에서의 유체역학이나 수리학을 사전에 이수한 학생이 학습하기에 적합하도록 내용을 정하고 필요한 설명을 덧붙였다.

제2장 기 상

2.1 기상과 파랑의 관계

2.2 바람의 예측

2.3 바람으로부터 파랑 추산

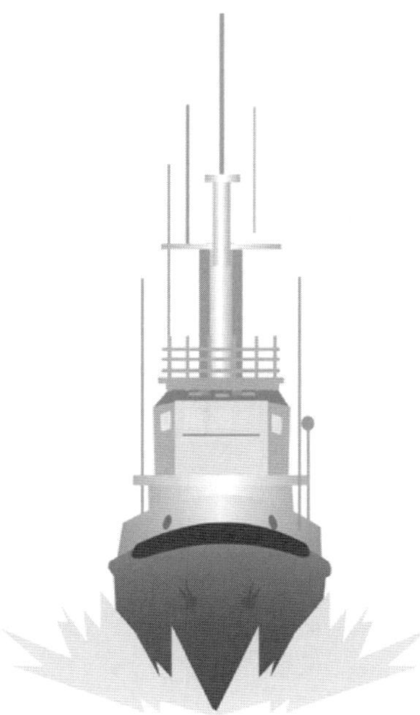

2.1 기상과 파랑의 관계

해안 개발시 또는 해안 안전 분석시에 고려하여야 할 요소가 많이 있다. 대표적으로는 정수압, 파랑 하중, 풍하중, 설하중을 들 수 있다. 이 중에서 파랑은 구조물에 미치는 영향이 직접적이므로 예측의 정밀도가 요구되는 현상이다.

대기의 움직임으로부터 파랑이 발생하는 경우 대기의 움직임과 발생 파랑과의 관계를 파악하여 둘 필요가 있다. 보통 기압의 분포로부터 바람을 예측하고, 바람의 분포로부터 파랑을 예측하는 단계를 택한다.

2.2 바람의 예측

- 바람, 파랑, 관측자료 많지 않음
- 현장관측자료 또는 예측자료에 의존
- 안정성 — 경제성 서로 배치

2.2.1 바람

- 표현 : 풍향·풍속(10분평균값 : 풍속, 순간값 : 순간풍속)
- 풍향도, 풍속도로 작성(통계적 방법 또는 시간별 변화)
- 기압경도가 바람 발생원인: 코리올리힘(편향력)
- 중력, 마찰력 영향 고려
- 기압경도력 = 편향력

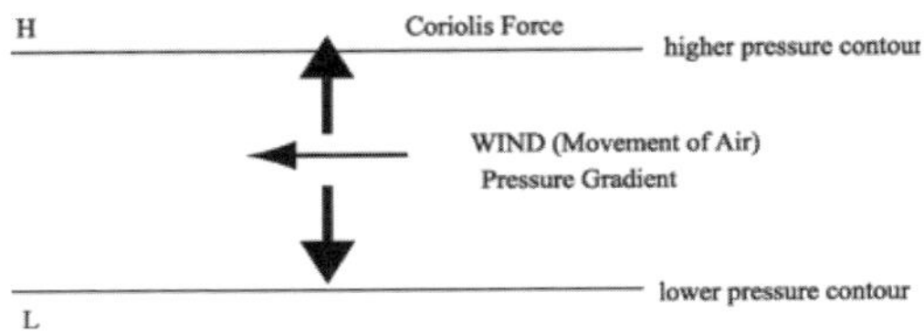

Fig. Balance of forces for wind generation

(1) 등압선이 직선인 경우

$$CU = 1/\rho_a * \partial p/\partial l$$

$$\rho_a C U_g = \partial p/\partial l$$

단, C : 코리올리 계수, ψ : 위도, w : 지구자전각속도,

ρa : 공기밀도, l: 거리, p:기압, Ug:바람의 속도

(2) 등압선이 곡선의 경우

$$Ugr^2 + cU_{gr}\rho a \times \delta p/\delta r$$

- 실제는 등압선과 평행하지 않음:
- 공기뿐 아니라 해수에도 코리올리힘 작용
- 지구반경 = 6370000(비행기 속도<300m/s)
- 1013mb = 760mmHg = 101.3kPa = 10.3mH_2O
- 1mb = 100 Pa
- $1pa = kgm/s^2/m^2 = N/m^2$

2.2.2 태풍영역 내의 풍속

(1) Meyer의 기압분포식

$$P = Pc + \triangle Pe^{ro/r}$$

P = r에서의 기압[mb]

Pc = 중심에서의 기압

△P = 태풍바깥과 중심기압의차

ro = 최대풍속의 점까지의 거리[km]

$$\delta p/\delta r = \triangle pro/r^2 e^{ro/r}$$

$$Ugr = cr/2 + \surd(cr^2/4 + \triangle proe^{ro/r/\delta ar}) = F(r)$$

$$\log 10(P - Pc) = \log 10 \triangle P - rolog10^{e/r}$$

정지 태풍내의 유속 U1 = C1Ugr(마찰영향)

태풍이동속도 V에 의하여 유발되는 풍속 U2

U2 = C2VU1/C1Ugr(ro) 경험식 측정식

실제 풍속 U = U1+U2 북진하는 태풍의 우측이 더욱 위력

예제

Ug = △P/δaf△n [knot] 1852m/h

T = 10도,P = 1013.3mb

△P = 3mb

△n = 등압선 간격(위도 간격) = 0.7

δa = 0.001247g/cm³

f = 2wsinφ = C

w = 0.265rad/hr

φ = 위도 37°

2.2.3 해수면 상에서의 풍속분포

(1) 높이에 대한 보정

1000m이상 = geostoropic region

100-1000m사이 = Ekman region

100m이내: 등 전단응력층

a. U100→U*→Uz

U* = 마찰속도 = √(τb/ρ) ρ = 유체의 밀도

Zo = 속도가 0인 높이

φ = 조정계수(안정성 대표)

L = a Length scale k = 0.4

b. $U(z) = U(10)*(z/10)^{1/7}$ z≤20m(내삽용)

이식에서 나온값의 1/4-1/8값사용

단점:조도 고려않음

(2) 최대풍속의 평균풍속으로의 변환

[필요성] 1hr평균풍속→순간최대풍속→25분풍속 필요

Uf: fastest "mile" velocity (또는 extreme) (2분미만동안의 속도)

$$\frac{Ut}{U_{3600(sec)}} = 1.277 + 0.296\tanh(0.9\log\frac{45}{t})$$

1 ≤ t ≤ 3.600s

$$\frac{Ut}{U_{3600}} = 0.15iog_{10}t+1.53334$$

$3.600 \leq t \leq 36.000$

예제 Uf = 29m/s(= 65mph)일때 Ut = 25min을 구하여라.

Uf = Ut = 55.45 1mile가는데 소요시간 = 55.4s ~ 3600s 비교

25min ~ 3600s 비교

(3) Stability correction = "대기안정성"에대한 보정 ← 확인표
(*대류권:역구배 *성층권:등온-56.5℃)

△Tas = Ta-Ts (air-sea temperature)

△Tas< 0이면 불안정

$U = RtU_{(10)}$

$Rt = f_n(\triangle Tas)$ from Fig. 3-14, SPM (ex) $R_T = 1.2$

(4) 관측점위치에 대한 보정

Location effect: 행상자료 없을 경우 육상관측자료 활용

조도(roughnen)의 문제, 특수성(해안선에서 부터의 거리)

높이(10m이외)

(5) Drag계수(wind-stress factor → stress와 풍속의 비선형설명)

U_A(조정된 풍속) $= 0.71U^{1.23}$ (U: m/s) (예) U= 30m/s

U = 46.6m/s.....일종의 안전계수

(6) 수상관측자료보정(육안)

$$W = 2.16\, W_S^{\frac{7}{9}} \quad \text{[Knot, Knot]}$$

→ 구조물 설계 : 항만시설물 설계기준서, 도로교 표준시방서, 건축물 구조기준(풍하중, 속도압)

2.2.4 CORIOLIS 가속도

- 회전하는 평판에서의 Coriolis 가속도

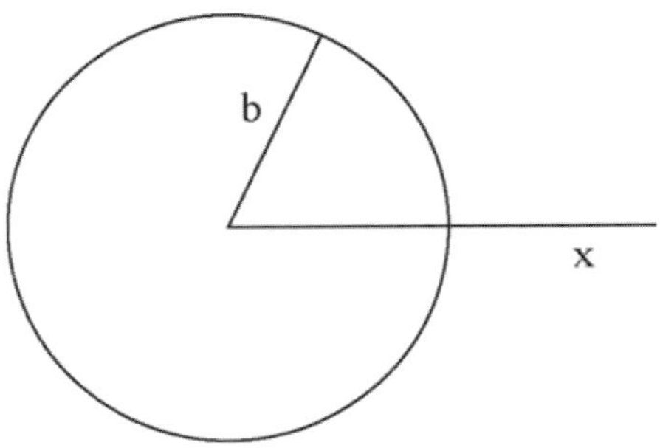

Fig. Definition of vector b on plane

Ⅰ. 중심부에서부터 바깥으로 운동하는 경우

r(t) = tb 둘다 t의 함수

b는 unit vector, t = 0일 때 x양의 방향

disk의 회전각속도 = w, 방향 = 반시계방향

$$b = con\ wt\imath + \partial mwt^{\jmath}$$

$v = r' = b + tb' = correct!$

$a = v' = 2b' + tb$

$b = -w^2 b$

$2b' =$ 우측으로 휨

II. 원판의 회전방향으로 운동하는 경우

III. 바깥 쪽에서 원판의 중심부 쪽으로 운동하는 경우

- 회전하는 구체에서의 Coriolis 가속도

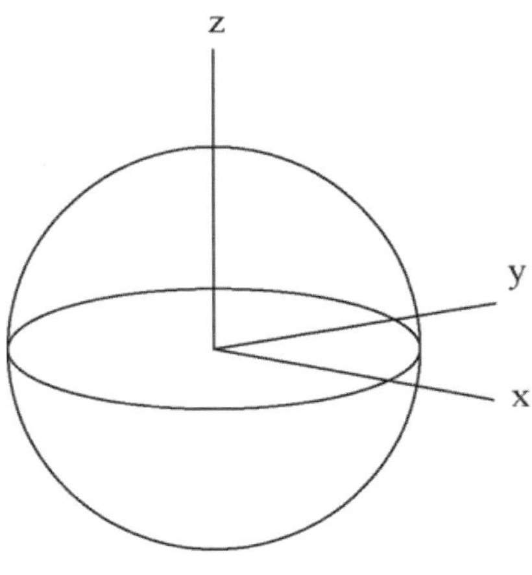

Fig. Definition of angles on globe surface

- $-w^2x, -w^2y$(회전운동에 의한 값)
- 계수에서 2 가 나타나는 과정을 벡터 연산 외에도 합리적 사고를 통하여 구하는 것도 가능함

- u의 개념 $\frac{(u+u)^2}{r}$이 $\frac{u^2}{r}$과 다른 만큼 발생 : ok
- Coriolis force는 원심력의 개념(구심력 아님)
- 지구상에서의 공을 x방향(또는 y방향)으로 날리면 어느 쪽으로 휘는가? 의 문제
- $\frac{R}{\mho^2} \rightarrow \frac{(u+\tilde{u})^2}{rA} = \frac{u^2}{rA} + 2\frac{u\tilde{u}}{rA} + \frac{\tilde{u}^2}{rA}$

$\frac{rA}{u}$, 이므로 Coriols 가속도는 "2"ũw

2.3 바람으로부터 파랑 추산

- 파랑 자료의 획득
  - 직접 관측 → 압력식 파고계, Buoy 식
  - 바람 자료에서의 추산 → 심해파
천해파
  - 경험 공식 : Plant(외국) 설계시
- 파랑의 발달 : 과도 상태/ 정상 상태(평행) ; 포화 (상태)
- 용어 : 심해파/천해파 $\frac{d}{L} > \frac{1}{2}$ / $\frac{d}{L} < \frac{1}{25}$

2.3.1 심해파 추산(발생역)

(a) SMB법(Sverdrup, Munk & Bretschneider) (=유의파법, 항만 시설물(1993)원칙적으로 추천)

- 풍속(U), 최종거리 (F), 취송 시간(t)

$$\frac{gH}{U^2} = 0.004\left(\frac{gF}{U^2}\right)^{0.4} \tag{2-1}$$

$$\frac{gT}{2\pi U} = 0.085\left(\frac{gF}{U^2}\right)^{0.26} \tag{2-2}$$

$H_s(H)$ = 유의파고(m)　　$T_s(T)$:유의파 주기(s)

F: 취송거리(m)　　U,F→H,T

U:풍속(m/s)　　U,t→H,T

g: 중력 가속도(9.8 m/s^2)

$$t = \int_o^F \frac{1}{Cg}\,dx$$

$$(\text{심해: } Cg = \begin{cases} = \dfrac{gT_0}{4\pi} \\ = nC \\ = \dfrac{1}{2}C \end{cases}) \; (L_0 = \frac{gT_0^2}{2\pi})$$

t: 풍력에 최상단에서 발생한 파랑이 현안 지점에 도착할 때까지의 시간

예제 풍속과 Fetch로부터 파고, 주기 구하는 문제

- 단위 F: 〔m〕,t: 〔s〕
- 주의: 취송거리 제한? 시간 제한?

(b) Wilson 법

항만 시설물 설계기준서, 1993, 〔태양에 적용 추천〕 : 풍역 이동

$$\frac{gH_{\frac{1}{3}}}{U^2} = 0.30[1- \ 1+0.004(\frac{gF}{U^2}\frac{)^1}{2}{}^{-2}],$$

$H = 3.94m$

$$\frac{gT_{\frac{1}{3}}}{U^2} = \frac{C}{U} = 1.37[1-1+0.008(\frac{gF}{U^2}\frac{)^1}{3^{-3}}] \quad T = 5.96s$$

F = [m] , t = [s]

2-7 1식 수정

(c) Hasselmann etal(1976) 법 → SMP (3-33)~(3-38) 식 참조

$$\frac{gHm_0}{U_A^2} = 1.6\times10^{-3}(\frac{gF}{U_A^2})^{1/2} \rightarrow 2.433\times10^{-1}$$

m,k,s unit

$$\frac{GTm}{U_A} = 2.857\times10^{-1}(\frac{gF}{U_A^2})^{1/3} \rightarrow 8.134$$

""

$$\frac{gt}{U_A} = 6.88\times10^1(\frac{gF}{U_A^2})^{2/3} \rightarrow 7.15\times10^4$$

""

완전히 발달한 경우에는 ↑

(d) 스펙트럼 법 - 개별 스펙트럼 법 : 비선형 효과 고려

- 파라메타법

  평행 스펙트럼으로 가정

2.2.2 (심해파) 너울의 추산

말 파고 감소, 주기? (Quiz) : 증가

- Bretschneider 법(1958) 사용, (유의파법) ← 항만 시설물 추천
- P-N-J 법
- 파장 스펙트럼 법
- Bretschneider and Reid (1953)법 ← SPM 추천

예제

- Fmin = 500km $\rightarrow (H_{1/3})_D = 0.816(H_{1/3})_F$
- D = 100km $(T_{1/3})_D = 1.088(T_{1/3})_F$

$$\begin{cases} Kh = \dfrac{(H_{1/3})_D}{(H_{1/3})_F} = [\dfrac{0.4Fmin}{0.4Fmin + D}]^{1/2} \\ \\ Kt = \dfrac{(T_{1/3})_D}{(T_{1/3})_F} = [2.0 - K_{H}]^{1/2} \end{cases}$$

2.2.3 천해파의 추산

- Bretschneider 법(1958)(취송시간 길고 파고가 취송거리와 풍속에 의해 결정될때)
- 등수심과 일정 경사 해저면의 경우에 도해 존재

예제

h = 30m, U = 15m , F = 100,000m, f = 0.01, m = 0.001 $\rightarrow H_0$ = ?

(T_0 = ?) 심해파에서 구해야 2.52m

Coastal Engineering

- 수심의 영향을 받는 얕은 해역에서는 Bretschneider(1958)의 천해파 추산법을 이용

$$\frac{gH}{U_A^2} = 0.283\tan[0.530(\frac{gd}{U^2}A)^{3/4}]$$

$$\tan h\left\{\frac{0.00565(\frac{gF}{U_A^2})^{1/2}}{\tan h[0.530(\frac{gd}{U_A^2})^{3/4}}\right\}$$

$$\frac{gT}{U_A} = 7.54\tan h[0.833(\frac{gd}{U^2A})^{3/8}]$$

$$\tan_h\left\{\frac{0.0379(\frac{gF}{U_A^2})^{1/3}}{\tan h[0.833(\frac{gd}{U_A^2})^{3/8}}\right\}$$

(SPM 3-39, 3-40 참조)

$$\frac{gt}{U_A} = 5.37\times10^2(\frac{gT}{U_A})^{7/3} \qquad \text{(SPM 3-41)}$$

- 해저 면이 일정한 경사를 갖고 있는 경우에 대하여서는 도해를 활용하여 구할 수 있음(항만 시설물 설계 기준서 도해 4-8 참조)

여기서 U_A : wind stress factor(Drag)를 고려하여 비선형 변환한 풍속
U_S : 해상 10m에서의 풍속(fetch 고려한 지속 시간에 대한 평균 풍속)
H : 파고(유의)(m) (H_S)
T : 주기 (s) (T_P)? T_2? T_s? assumed
d : 수심 (m)
F : fetch (m)
t: 최소 지속 시간 (sec)

제3장 파 랑

3.1 파랑의 특성

3.1.1 파동의 요소

- 용어 : 파형(wave frofile)
  파봉(wave crest)
  파곡(wave trough), 파고
  파속(wave celerity), 주기,파장
  파형경사 (wave steepness) = $\frac{H}{L}$

3.1.2 파동의 종류

(1) 주기에 의한 분류 (T) 주파수 (frepuency) = $\frac{1}{T}$

에너지가 가장 큰 주기 : 1~30 초 : 풍파/파장 : 보통중력파

(2) 발생기구에 의한 명칭

① 풍파(wind wave)

② 나불(swell)

(3) 수심에 의한 명칭

① 심해파(deep water wave) $h \geq \frac{L}{2}$

② 천이역파(transitional water ave) $\frac{L}{25} < h \leq \frac{L}{2}$

③ 천해파(shallow water wave) $h \leq \frac{L}{25}$

(4) 현상상의 명칭

① 진행파와 반사파(progressive & ref;ective waves)

② 중복파(clapotis)

③ 쇄파(breaking wave) { Trocoidal 파, cnoidal파

(5) 실제의 파랑과 이론에서 취급하는 파동

① 불규칙파(irregular)

② 규칙파(regular wave)

(6)이론적 취급상에 의한 명령

① 미소 진폭파(small amplitude wave) a 《 L

연직 가속도 무시: 선형운동; 비 회전성; 속도포텐샬 가짐

② 유한 진폭파(finite amplitude wave) : 연직 가속도 고려

- Stoke's wave : 비회전 운동
- Trochoidal wave : 회전 운동
- Cnoidal wave : "
- Solitary wave : "

3.1.3 파동의 기본 이론

예제

(a) 수심 20m,100m 주기 10sec 의 경우 파잔은? 심해파 여부는? 파속은? 군 속도? n = ?

(b) 파고가 3m 일때 u의 진폭은? W의 진폭은? p의 진폭은?(z = η 에서)단위표면적당 파장 에너지는 ? 에너지 Flux? (전달률) Le Mehaute 의 구분에 의하면 어떤 파랑 이론이 적당한가?

- 심해파(deep water wave) $h \geq \frac{L}{2}$
- 천이역파(transitional water wave) $\frac{L}{25} < h \leq \frac{L}{2}$
- 천해파(shallow water wave) $h \leq \frac{L}{25}$
- 이론의 기본: 미소진폭파
- Stokes' 파 $\frac{h}{L} < \frac{1}{8}$, $U_r = \frac{L^2 H}{h^3} > 26 \rightarrow$

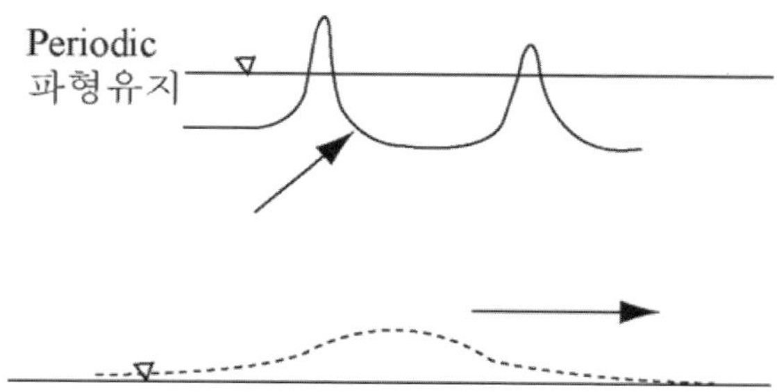

Fig. Symmetric waves and solitary wave

- cnoidal 파
- Solitary 파

3.2 미소진폭파 이론

3.2.1 미소 진폭파

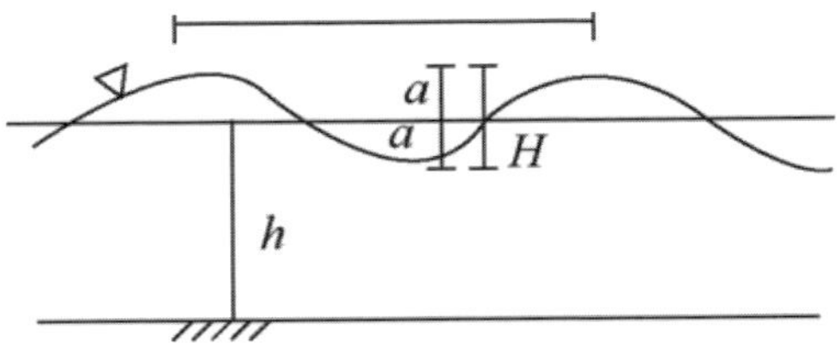

Fig. Definition of wave height and water depth

- 분산 방정식

$$c^2 = \frac{q}{k} \tanh\ kh,\ c = \frac{L}{T},\ k = \frac{2\pi}{L}$$

$$\left(L = \frac{qT^2}{2\pi} \tanh\ kh \right)$$

$$\left(\sinh\ kh = \frac{kc^2}{g}\ \cosh\ kk \right)$$

$$\left(c = \frac{gT}{2\pi}\ \tanh\ kh \right)$$

$$\frac{k_0}{k} = \frac{w^2/g}{k} = \tanh\ kh$$

- 속도 potential

$$\phi = -ac \frac{\cosh k(h+z)}{\sinh\ kh}\ \sin \mathrm{k}(x-ct)$$

$$v \triangleq -\frac{\partial \phi}{\partial x} = ack\frac{\sinh k(h+z)}{\sinh\ kh}\sin k(x-ct)$$
$$= \frac{H}{2}\frac{gT}{L}\frac{\sinh\ k(h+z)}{\cosh\ kh}\sin k(x-ct)$$

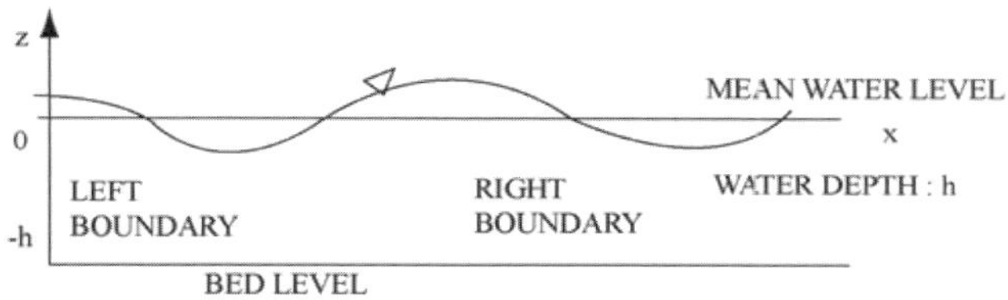

$$\omega \triangleq -\frac{\partial \phi}{\partial z} \quad p\triangleq$$

기본 방정식 :연속 방정식 $\dfrac{\partial u}{\partial x} + \dfrac{\partial \phi}{\partial x} = 0$

속도 포텐셜 함수 도입 (ϕ) $u = -\dfrac{\partial \phi}{\partial x}$: $w = -\dfrac{\partial \phi}{\partial z}$

$$\frac{\partial^2 \phi}{\partial x^2} + \frac{\partial^2 \phi}{\partial z^2} = 0 \qquad (1)$$

(경계 조건)

① 저면 경계 조건 : w = 0 at z = -h

or $\dfrac{\partial \phi}{\partial z} = 0$

② 측면 경계조건 : $\phi(x, z, t) = \phi\,(X + L, z, t)$ ← (주기적)

③ 수면 경계 조건 : p = const at $z = \eta(x,t)$

$w = \dfrac{\partial \eta}{\partial t} = -\dfrac{\partial \phi}{\partial z}$

Coastal Engineering

• 해(x, z, t)

$$\phi = ac\frac{\cosh\ k(h+z)}{\sinh\ kh}\ \sin k(x-ct)$$

(2)

$$수리학\ 연습문제\begin{cases} u = -\partial\phi/\partial x \\ w = -\partial\phi/\partial z \\ p = Bernoulli \\ \eta = a\cos k(x-ct) \end{cases}$$

$$정리\quad -\frac{\partial\phi}{\partial t} + gz + \frac{p}{\rho} = 0$$

$$분산\ 방정식\quad c^2 = \frac{q}{h}\tanh\ kh$$

h,L→T

h,T→L (3)

T,L→h

H,h,T →

3.2.2 미소 진폭파(= Airy wave theory, 단순파, 선형파, monochromatic, linear wave)

① 비 회전 운동으로 가정 → 속도 포텐셜 함수 가짐

⑥ δ = const

② 점성 생략

• 경계 조건 1 : Euler 식을 적분하면 ← 운동 방정식 ← 운동량 보존 (Newton의 2 법칙)

ⓐ $-\frac{\partial\phi}{\partial t}+\frac{1}{2}g^2+gZ+\frac{P}{\rho}=F(t) \quad q^2=u^2=v^2+w^2$

$u=\frac{\partial\Phi}{\partial x}$, $v=-\frac{\partial\Phi}{\partial y}$, $w=-\frac{\partial\Phi}{\partial z}$

④ q^2 생략, $-\frac{\partial\Phi}{\partial t}+gz+\frac{p}{\rho}=0$

③ F(t)를 ϕ에 포함 → F(t) = 0으로 가정

$\frac{p}{\rho}=-gz$(정 수압)+ $\frac{\partial\Phi}{\partial t}$(동수압) | z = η p = cont:DFSBC

ⓑ KFSBC: 수면의 변동 속도 = 입자의 연직 속도 at(수면→z = 0m)

↓

$\frac{\partial n}{\partial t}=\omega=-\frac{\partial\phi}{\partial z}$

↓

(수면상의 입자가 계속 수면상에 있다는 설명이 아님)

↓

- 수면의 정의 p = 0, at z = η

$\eta=\frac{1}{g}(\frac{\partial\Phi}{\partial t})$ z=η ⑤

→→→→→→→→→ [Total FSBC] $\frac{\partial^2\Phi}{\partial t^2}+g\frac{\partial\Phi}{\partial z}=0$

at z=η

3.2.3 파동의 기본 이론

예제

(a) 수심 20m,100m 주기 10sec의 경우 파장은 ? 심해파 여부는? 파속은? 군 속도? n = ?

(b) 파고가 3m 일때 u의 진폭은? W의 진폭은? p의 진폭은?($z = \eta$ 에서) 단위표면적당 파장 에너지는? 에너지 Flux? (전달률) Le Mehaute 의 구분에 의하면 어떤 파랑 이론이 적당한가?

$$\phi = -a\frac{c \times \cosh \times k(h+z)}{\sinh \times kh} \times \sin k(x-ct)$$

$$u = -\frac{\partial \phi}{\partial x} = ack\frac{\cos k(h+z)}{\sin kh} \times \cos k(x-ct)$$

$$w = -\frac{\partial \phi}{\partial x} = ack\frac{\sin k(h+z)}{\sin kh} \times \sin k(x-ct)$$

$$u = \frac{H}{2}\frac{gT}{L}\frac{\cos k(h+z)}{\cos kh} \times \cos k(x-ct)$$

$$w = \frac{H}{2}\frac{gT}{L}\frac{\sin k(h+z)}{\cos kh} \times \sin k(x-ct)$$

(1) 경계조건 1 : (수면)

$$\left(\frac{\partial^2}{\partial t^2} + g\frac{\partial \phi}{\partial z}\right) = 0 \qquad z = 0$$

$$k^2c^2ac\frac{\cos kh}{\sin kh}\sin k(x-ct) - kacg\frac{\sin kh}{\sin kh}\sin k(x-ct) = 0$$

$$kc^2\frac{1}{\tan kh} = g$$

$c^2 = \frac{1}{k}g\tan kh$: dispersion relation (분산방정식)

Eckart(1952) $L \simeq \frac{gT_2}{2\pi}\sqrt{\tanh\left(\frac{4\pi^2 h}{T^2 g}\right)}$ (h, T, L)

(1)에서-k2c2a cosh kh sin k(x-ct)+gak sin kh sin k(x-ct) = 0

$$c^2 = \frac{g}{k}\tanh kh = \frac{gL}{2\pi}\tanh kh \qquad \frac{c^2}{gh} = \frac{\tanh(kh)}{kh}$$

$$P = -\phi gz + \phi\frac{\partial\phi}{\partial t} \qquad \mu = \frac{1}{g}\left(\frac{\partial\phi}{\partial t}\right)$$

$$= -\phi g\eta\frac{\cos k(h+z)}{\cosh kh} - \phi gz = a\cos k(x-ct)$$

- 동압력(dynamic pressure)의 연직방향 분포 함수에 유의: 직선으로 근사 시 (정수압으로 가정) 오차 발생

(2) 심해파의 특성

수심이 깊을 때에는 천이역 파랑의 해 중 여러 항이 단순화될 수 있다.

$$h \geq \frac{L}{2}, \frac{h}{L} \rightarrow \infty$$

$$C = \frac{gT}{2\pi}\tanh\frac{2\pi h}{L} \rightarrow \frac{gT}{2\pi} = C = \frac{L}{T}$$

$$L = L_0 = \frac{gT^a}{2\pi} = f(T)$$

$$n = \frac{1}{2}\left(1 + \frac{2kh}{\sinh 2kh}\right) \rightarrow \frac{1}{2}$$

$$Cg = \frac{c}{2} \qquad h \geq \frac{L}{2}, \frac{h}{L} \rightarrow \infty$$

$$p = \xi g\eta e^{\frac{2\pi h}{L}} - \xi gz$$

Coastal Engineering

$$\lim_{x\to\infty} \tanh x = \frac{\sinh x}{\cosh x}$$
$$= \frac{e^x - e^{-x}}{e^x + e^{-x}}$$
$$\to 1$$

$\tanh \pi \cong 1$

$\tanh x$

$\eta =$

$u =$

$w =$

$p =$

$\phi =$

(3) 장파의 특성

수심이 얕을 때에는 천이역 파랑의 해 중 여러 항이 단순화될 수 있다.

$$h \le \frac{L}{25}$$

$$d = h$$

$$C = \frac{gT}{2\pi} \frac{e^{\frac{2\pi h}{L}} - e^{-\frac{2\pi h}{L}}}{e^{\frac{2\pi h}{L}} + e^{-\frac{2\pi h}{L}}} \cong \frac{gT}{2\pi} \frac{2\pi h}{L}$$
$$= \frac{gT}{L} = \frac{gh}{c}$$

$$\frac{c = \sqrt{gh}}{L = T\sqrt{gh}} = f(h)$$

$$(\tanh x = 0 + \frac{\tanh' 0}{1!} x + \frac{\tanh'' 0}{2!} x^2 + \cdot \cdot)$$

$$Cg = c \simeq x$$

$$n \rightarrow 1$$

$$P = \zeta g(\eta - z)$$

$$\lim_{x \to 0} \tanh x = 0 + x$$

$$f(x) = f(0) + \frac{f'(0)}{1!}x + \frac{f''0)}{2!}x^2 + \cdot \cdot$$

$$C = \frac{gT}{2\pi}\tanh kh \rightarrow \frac{gT}{2\pi}kh$$

$$C^2 = gh \qquad \frac{gT}{L}h$$

$$C = \sqrt{gh} \qquad \frac{gh}{c}$$

$\eta =$
$u =$
$w =$
$p =$
$\phi =$

3.2.4 표면장력파

(1) 연속방정식

중력파와 동일 $\nabla^2 \Phi = 0$

(2) 경계조건

- 해수면 경계조건

  $Pn \neq const!$

- 해저면 경계조건

$\sin \theta 1 \cong \tan \theta 1 \cong \frac{\partial n}{\partial x}$, ($\therefore \theta 1 \cong 0$)

Coastal Engineering

$\sin\theta 1 \cong \tan\theta 1 \cong \frac{\partial n}{\partial x} + \frac{\partial^2 n}{\partial x^2}dx$

-Pa dx +Pdx $+\sigma\sin\theta 1 - \sigma\sin\theta 2 = 0$ (←why?)

$\sigma\sin\theta 1 - \sigma\sin\theta 2 = -\sigma\frac{\partial^2 n}{\partial x^2}dx$

$P = Pa - \sigma\frac{\partial^2 n}{\partial x^2}dx$

(10-92)

(in the above fig $\frac{\partial^2 n}{\partial x^2} < 0$, P>Pa)

- Bernoulli 방정식에서

$$(\frac{p}{\rho})_z = n = (\frac{\partial^2\phi}{\partial t})_z = \eta\text{-gz} \qquad (10\text{-}28)$$

(3) 자유수면경계조건 사용

$$\sigma\frac{\partial^2 n}{\partial x^2} - \rho gz = \rho(\frac{\partial^2\phi}{\partial t})_z = \eta \qquad (10\text{-}94)$$

ϕ(x,z,t), η(x,t)를 가정하여 해구함

- 분산방정식 구함

$$C = \sqrt{(\frac{2\pi\sigma}{\rho L} + \frac{gL}{2\pi})\tanh\frac{2\pi h}{L}}$$

F(T,L,h) = 0, $\sigma = given$

3.3 파랑 에너지와 군속도

3.3.1 단위면적당 파랑에너지 : (에너지 밀도;비에너지)

$$\overline{E}=\frac{E}{L}=\frac{\varphi g H^2}{8}=\frac{\varphi g a^2}{2}$$

(1) 에너지 전달률

$$\overline{\mathrm{P}}=\overline{\mathrm{E}}\,\mathrm{cg}=\overline{\mathrm{E}}\,\mathrm{nC} \qquad \mathrm{cg}=\mathrm{nC}, \qquad \mathrm{n}=\frac{1}{2}[1+\frac{2kh}{\sinh(2kh)}]$$

(2) 경계조건 2 :저면 (z=−h)에서 w=0

$$\mathrm{w}=(\frac{\partial \varnothing}{\partial z})=0 \qquad \mathrm{z}=-\mathrm{h}$$

(3) 기본방정식

$$\frac{\partial u}{\partial x}+\frac{\partial w}{\partial z}=0, \quad \frac{\partial^2 \varnothing}{\partial x^2}+\frac{\partial^2 \varnothing}{\partial z^2}=0 \text{ (연속방정식,질량보존)}$$

- 파형: sine 형태로가정 (sin 함수 또는 cos 함수)
- 가정 $\varnothing = f(z)\sin(kx-\sigma t)$로도 가능함

g,e에 대입하면

$$\frac{\partial \varnothing}{\partial x}=kf\cos(kx-\sigma t)$$

$$\frac{\partial^2 \varnothing}{\partial x^2}=-k^2 f\sin(k(x-ct))$$

Coastal Engineering

$$\frac{\partial \varnothing}{\partial z} = f \cos(k(x-ct))$$

$$\frac{\partial^2 \varnothing}{\partial z^2} = f' \cos(k(x-ct))$$

- f''-k²f = 0, 특성방정식

$\lambda^2 - k^2 = 0, \lambda = \pm k, f = Ae^{kz} + Be^{-kz}$

A, B를 경계조건에서 구함

(4) 경계조건2(저면)

z = -h에서 w = 0,

$$\frac{\partial \varnothing}{\partial z} = k(Ae^{kz} - Be^{-kz})\sin k(x-ct)$$
$$= 0,\ Ae^{-kh} = Be^{+kh} = a/2$$

라고 둠

$$\varnothing = \frac{a}{2}(e^{k(h+z)} + e^{-k(h+z)})\sin k(x-ct)$$

$$= \bar{a}\cos k(h+z)\sin k(x-ct)$$

- 경계조건1:(dynamic b,c) 수면경계면에서의 진폭 a로 표현하려면

$$\eta = \frac{1}{g}\left(\frac{\partial \varnothing}{\partial t}\right) = -\frac{kc}{g}a\cos k(h+z)\cos k(x-ct)$$
$$= a\cos k(x-ct)$$

$$\bar{a} = -\frac{ga}{kc\cos k(h+z)} = \frac{ac}{\sin k(h+z)}$$

- KFSBC

F=Z-η=0 ; η=η(x, t)   Zs=η

$$\frac{dF}{dt}=0, \qquad \frac{dZ}{dt}-\frac{\partial \eta}{\partial x}u-\frac{\partial \eta}{\partial t}=0$$

- $\frac{\partial \eta}{\partial x}u \simeq 0$으로 무시하면,

$$\omega-\frac{\partial \eta}{\partial t}=0$$

$$\omega=\frac{\partial \eta}{\partial t} \qquad (10\text{-}30)$$

미지수 : f(z), P, k

3.4 반사와 중복파

3.4.1 중복파

$$\eta=\eta_1+\eta_2=a\cos(x-ct)+a\cos k(x+ct)$$

$$=a(\cos kx\cos kct-\sin kx\sin kct)$$
$$+a(\cos kx\cos kct+\sin kx\sin kct)=2a\cos kx\cos kct$$

그림

$$\phi = \phi 1 + \phi 2 = - a\frac{\cos k(h+z)}{\sinh k(h)}(\sin k(x-ct) + \sin k(x-ct))$$

3.4.2 Energy 전파 모식도

start	1	1	1	1	
			*		
		1/2		1/2	
				*	
			1/2		1/2
sum:	1	1	1	1/2	1/2

3.4.3 두 파장의 중첩

→ Cg ≠ C

→ cg 계산가능

Q : Energy의 전파속도가 왜 cg 인가?

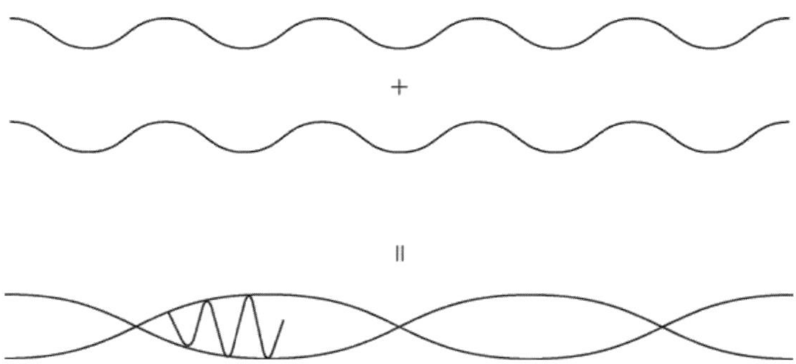

Fig. Summation of two waves and group wave

3.4.3 hyperbolic function의 적분

$$\int \sinh x^2 dx$$
$$= \int \sinh x \cdot \cosh' x dx$$
$$= \sinh x \cdot \cosh x - \int \sinh' x \cosh x dx$$
$$\int (\sinh^2 x = \cosh^2 x) x dx$$
$= \sin x \cdot \cosh x + c \rightarrow$ Energy 계산에 활용(sinh0 = 0도 활용)

$$\sinh x \cdot \cosh x$$
$$= \frac{e^x - e^{-x}}{2} \cdot \frac{e^x + e^{-x}}{2}$$
$$= \frac{e^{2x} - e^{-2x}}{4}$$
$$= \frac{1}{2} \sinh^{2x}$$
$$\sinh^2 X + \cosh^2 X$$
$$= \frac{e^{2x} - 2 + e^{-2x}}{4} + \frac{e^{2x} + 2 + e^{-2x}}{4}$$
$$= \frac{2}{4}(e^{2x} + e^{-2x}) = \cosh^{2x}$$

3.5 천수변형

3.5.1 천수변형

에너지의 전달율 보존

E °* Cg °= $E^{(x)} * Cg^{(x)}$, E °=t

E ℃ °=

E ℃g °=

Ks =< ??

3.5.2 천해에서의 변형(shoaling)

에너지가 보전된다는 가정에서

$$E_o Cg_o = ECg$$

- 첨자 : 심해

$$\frac{1}{8}\zeta g H_o^2 Cg_o = \frac{1}{8}\zeta g H^2 Cg$$

$$K_s = \frac{H}{H_o} = \sqrt{\frac{1}{2n\tanh\frac{2\pi h}{L}}} = f\left(\frac{h}{L_o}\right)$$

→ 그림 2-21 "천수계수"

3.6 굴 절

3.6.1 파랑의 굴절(refraction)

등심선에 경사지게 파랑이 진입할 경우 굴절함

에너지가 보전된다는 가정에서

$$W_o = W$$

$$E_o Cg_o b = ECgb$$

$$\frac{H}{H_o} = \sqrt{\frac{Cg_o}{Cg}} \cdot \sqrt{\frac{b_o}{b}} = K_s \cdot K_r$$

K_r: "굴절계수"

$$\frac{b_o}{b} = \frac{\cos\alpha_o}{\cos\alpha}$$: Snell의 법칙

- 천수 변형 : $E_o Cg_o = E^{(x)} Cg^{(x)}$
- 굴절 $E_o Cg_o b_o = ECg\ b^{(x)}$ (O)

3.7 회 절

3.7.1 파랑의 회절(diffraction)

에너지가 보존된다는 가정에서 출발

$$K_d = \frac{H}{H_o}$$

Coastal Engineering

(1) Diffraction from SPM, Z-Ⅳ

(2) Reference

Penny and price, 1944, theory

Wiegel, 1962, theory

Putnam and Arther, 1948, experimental data

(3) Assumptions

- ideal fluid (inviscid, incompressible)
- small amplitude wave theory
- flow is irrotational, conforms to a potential fn → $\nabla^2 \phi = 0$
- constant depth
- reflection condition at the rear of breakwater

(4) GE

$$\nabla^2 \phi(x, y, z, t) = 0 \quad (\nabla^{2\nabla} = \frac{\delta^2}{\delta x^2} + \frac{\delta^2}{\delta y^2} + \frac{\delta^2}{\delta z^2})$$

(5) BCs

바닥 : $w = \frac{\delta \phi}{\delta z} \Big|_{z=-h} = 0$

- 자유 표면 : $\frac{\delta \phi}{\delta t^2} + g \frac{\delta \phi}{\delta z} = 0$, at z=0
- 구조물 표면 : $\frac{\delta \phi}{\delta n} = 0$

- 풀이

변수분리 : $\phi = AZ(z)F(x, y)e^{i\sigma t}$, F : 복소함수

: "Helmholtz 방정식"(see 편종근, 1966)

- 해 : ? $\frac{\delta^2 F}{\delta x^2} + \frac{\delta^2 F}{\delta y^2} + k^2 F(x, y) = 0$

3.7.2 반무한 방파제에서의 회절

(방파제에 직각으로 접근)

3D 3D (2DV (x,z,t))

- 기본방정식 : $\nabla^2 \phi(x,y,z,t) = 0$ (<- $\nabla^2 \phi = 0$)

(연속방정식)

$\partial u/\partial x + \partial v/\partial y + \partial w/\partial z = 0$

$\partial^2\phi/\partial x^2 + \partial^2\phi/\partial y^2 + \partial^2\phi/\partial z^2 = 0$

bbc, $\partial\phi/\partial z \mid z = -h = 0$

fsbc, $\partial^2\phi/\partial t^2 + g^* \partial\phi/\partial z = 0$, $z = 0$

- 구조물표면 ;

$\partial\phi/\partial n = 0$, 구조물에서 반사계수 = 1.0,

h = uniform으로 가정

$\phi = AZ(z)\ F(x,y)\ e^{(i\sigma t)}$ 가정 (4)

z로 변수분리하면,

$Z = \cosh\ k(z+h)$

$dZ/dz = kZ$ (5)

Coastal Engineering

(5)를 (1)에 대입하면

$$\partial^2F/vx^2 + \partial^2F/\partial y^2 + k^2F = 0 \quad \text{(Helmhobtz eq.)} \tag{6}$$

rbc ; y =0 , 0 < x < ∞에서 ∂F/∂y =0

x → -∞, F = e^(-iky) (진행파만 존재)

e^(ix) = cos x + i sin x

→ 해 = 참고문헌 참고

3.8 에너지 감쇠

파랑은 주변 조건의 변화로 인하여 변형하며, 또한 에너지 감쇠를 겪는다. 파랑 에너지 감쇠의 원인은 상층에서는 수면에서의 공기의 영향, 구조물이나 해안선 인근에서의 쇄파, 수중에서는 내부 점성과 난류 점성, 표면 장력, 저면에서는 파랑과 저면 간의 마찰을 들 수 있다. 이 중 큰 비중을 차지하는 쇄파에 의한 에너지 감쇠는 별도로 다음 절에서 취급하기로 한다.

해수 또는 담수의 점성은 파랑이 장거리를 전파할 때 완만한 감소를 유발한다. 파랑이 난류 흐름일 때는 난류 점성 즉 와 점성이 파랑의 에너지 감쇠에 큰 영향을 미친다. 점성에 의한 파랑의 감쇠에 관하여 경험적으로 또는 이론적으로 조사된 바 있으며, 필요시 이러한 기존 이론을 활용할 수 있을 것이다.

해저면에서의 마찰에 의한 에너지 감쇠는 수입자의 움직임을 알고 있는 경우 다음과 같이 계량할 수 있다.

$$\tau_b = \frac{f_w}{2}\rho U_b^2$$

여기서 τ_b 는 순간 저면 전단응력, f_w는 파랑마찰계수, ρ는 물의 밀도, U_b는 저면 경계층 바로 위층의 순간 파랑 입자 속도이다. 마찰계수는 Kim (2004)에서 구할 수 있다. 정규 파랑의 경우 순간 전단응력을 파랑 주기에 대하여 평균하면 영을 얻는다. 순간 전단응력으로부터 영이 아닌 파랑 주기 평균 절대 전단응력을 구할 수 있으며, 전단응력과 유속의 곱의 파랑 주기 평균값을 구할 수도 있다. 부유사 연행률 (부유율), 에너지 손실, 수면 경사, 질량 수송을 구하기 위하여 필요한 값을 이용할 수 있다.

3.9 쇄파(breaking)

3.9.1 쇄파의 유형

surging

spilling

plunging

collasping

3.9.2 쇄파의 조건

- 심해에서의 쇄파조건 : $H_o/L_o = 0.1 \sim 0.14$
- 천해에서의 쇄파조건 :
- 많은 공식 존재 : McCowan(1894) $H_b = \gamma h_b$, $\gamma = 0.78$

Munk (2-53)

불규칙파의 경우 새로운 조건 필요

3.10 유한진폭파

파랑의 진폭이 미소하지 않은 경우 미소진폭파 이론으로 파랑을 설명하는데 어려움이 발생한다. 미소진폭파가 선형적 성질을 가지고 있으나, 실제 파랑은 파고가 클 때 비선형적 특성을 보인다. Stokes( )는 파랑의 비선형성을 표현하는 방법으로서 섭동법(perturbation method)을 이용하여 규칙파에 대하여 미소진폭파의 해보다 더 많은 항을 갖는 해를 구한 바 있다. Stokes 의 2차해에서 수위는 다음 식과 같다.

$$\eta = \frac{H}{2} cos\,(kx - \sigma t) + \frac{\pi}{8}\frac{H^2}{L}\frac{\cosh kh\,(2 + \cosh 2kh)}{\sinh^3 kh} cos\,2\,(kx - \sigma t)$$

이 때 파속은 다음 식으로 나타난다.

$$C^2 = \frac{g}{k}\tanh kh[1 + (ak)^2 \frac{\cosh 4kh + 8}{8\sinh^4 kh}$$

Russel( )은 고립파(solitary wave)를 설명하였다. 이 이론은 단일 파봉을 가지며 정수면으로부터 위로 솟아 있는 파랑을 설명하기에 적합하다. 실제로 쓰나미와 같은 파랑은 이 고립파의 형상과 가깝다. 고립파의 파형은 다음 식으로 표현된다.

$$\eta = H[\text{sech}\sqrt{(3H/4h^3)}\,(x - Ct)]^2$$

여기서 η는 수위, H는 파고, h는 수심, x는 수평방향 좌표, C는 파속, t는 시각이다. 고립파의 파속은 다음과 같다.

$$C = \sqrt{g(H+h)}$$

여기서 g는 중력가속도이다.

3.11 불규칙파

3.11.1 불규칙 파랑의 특성(개별 파랑의 통계적 특성)

(1) 파고 주기의 분석방법

Pierson(1945)의 "영점상향교차법(zero-upcrossing method)"

(2) 파고분석

Longnet-Higgins(1952) "Rayleigh 분포"를 적용

$$P(x) = 1\text{-}\exp(-\frac{\pi}{4}\chi^2) \rightarrow P(x) = \exp(-\frac{\pi}{4}\chi^2) \rightarrow \text{초과확률}$$

$$P(x) = \frac{\pi}{2}x\exp(-\frac{\pi}{4}\chi^2)$$

또는

$$P(H) = 1\text{-}\exp(-\frac{H^2}{H_s^2}) \qquad (1)$$

$$P(H) = \frac{2H}{H_s^2}\exp(-\frac{H^2}{H_s^2}) \qquad (2)$$

- $H = \frac{\sqrt{\pi}}{2}H_s$ ⓐ
- $H_{1/3} = 1.60H$ ⓑ
- $H_{1/3} = 1.41H_s$

- $H_{1/10} = 2.03H$

$H = H_{100(\%)} = H_{1.0}$

$H_{1/3} = H_{0/33} = H_{33(\%)}$

Coastal Engineering

$$H_s \equiv \sqrt{\frac{1}{N}\Sigma H_i^2}$$

$$H = \frac{\int_0^\infty HpdH}{\int_0^\infty pdH} \quad (= \frac{\sqrt{\pi}}{2} H_s)$$

$$(2)에서 = \frac{\int_0^\infty 2\frac{H^2}{H_s^2}exp(-\frac{H^2}{H_s^2})dH}{[-\exp(-\frac{H}{H_s})^2]_0^\infty} = \frac{?}{1}$$

$$A = \int x^2 e^{-x^2}dx$$

$$= \int x(xe^{-x^2})dx$$

$$= -\int x\frac{(e^{-x^2})'}{2}dx$$

$$= -\frac{1}{2}xe^{-x^2} + \frac{1}{2}\int e^{-x^2}\mathrm{dx}$$

$$= -\frac{1}{2}xe^{-x^2} + \ + \ \frac{1}{2}\mathrm{Erfc(x)''}$$

$$t = x^2,\ dt = 2xdx$$

$$\int x^2 e^{-cx^2}dx$$

$$= \int x(xe^{-cx^2})dx$$

$$= -\int x\frac{(e^{-cx^2})'}{2c}dx$$

$$= -\frac{1}{2c}xe^{-cx^2} + \frac{1}{2c}\int e^{-cx^2}dx$$

$$= -\frac{1}{2c}xe^{-cx^2} + \frac{1}{2c}(Erfc(\frac{x}{\sqrt{c}}))$$

$\sqrt{c}x = t$라 두면

$$\int_{x_1}^{\infty} x^2 e^{-cx^2} dx$$

$$= \int_{t_1}^{\infty} \frac{t^2}{c} e^{-t^2} \sqrt{c}\, dt$$

$$\int_{x_1}^{\infty} x^2 e^{-\frac{\pi}{4}x^2} dx$$

$$= \int x(xe^{-\frac{\pi}{4}x^2})dx$$

$$= -\int x \frac{(e^{-\frac{\pi}{4}x^2})'}{\frac{\pi}{4}} dx$$

$$= -\frac{4}{\pi} xe^{-\frac{\pi}{4}x^2} \Big|_{x_1}^{\infty} - \int_{x_1}^{\infty} e^{-\frac{\pi}{4}x^2} dx$$

$$C = \int (\frac{x^3}{3})' e^{-x^2} dx$$

$$= \frac{x^3}{3} e^{-x^2} - \int \frac{x^3}{3}(-2x)e^{-x^2} dx$$

B = A

$$\int e^{-x^2} dx$$

$$= \int x' e^{-x^2} dx$$

$$= xe^{-x^2} - \int x(-2x)e^{-x^2} dx$$

$$= xe^{-x^2} + 2\int x^2 e^{-x^2} dx$$

$$Erf(x) \equiv \frac{2}{\sqrt{\pi}} \int_0^x e^{-t^2} dt$$

Coastal Engineering

$$t=\frac{\sqrt{\pi}}{2}x \text{ 면 } Erf(x)\equiv\frac{2}{\sqrt{\pi}}\int_0^x e^{-\frac{\pi}{4}x^2}\frac{\sqrt{\pi}}{2}dx$$

(3) 최대파고

$$(H_{\max}/H_{1/3})_{\mathrm{mod}\,e}=0.706\sqrt{\ln No}$$

- mode : 가장 높은 확률을 갖는 값
- No : 파의 개수

$$(H_{\max}/H_{1/3})_{mean}=0.706\sqrt{\ln No}+r/(2\sqrt{\ln No})$$

- r : Euler 상수 (=0.5772...)

$$\frac{(H_{\max})\mu}{H_{1/3}}=0.706\sqrt{\ln\left[\frac{No}{\ln 1/(1-\mu)}\right]}$$

- μ : 초과할 확률이 μ
  - Rayleigh 분포가 실제의 파랑분포를 상당히 정확히 표현하는 편이다.

> H_{max}(관측치) = (1.6 ~ 2.0) $H_{1/3}$
> - 외해 구조물 = 2.0 사용
> - 연직방파제 = 1.8 사용 (Goda, 1985)

(4) 주기의 분포

Bretschneider(1959) Rayleigh 분포 적용

p(T) = 2.7 T3/T4 exp{ -0.675 (T/$\overline{T}$)4 }

P(T) (비초과) = 1 - exp{ -0.675 (T/$\overline{T}$)4 }

Goda(1959)는 실제 자료로부터

T_{max} = (0.6 ~ 1.3) T1/3

$T_1/10$ = (0.9 ~ 1.1) T1/3

$T_1/3$ = (0.9 ~ 1.4) $\overline{T}$

$T_{max} \simeq$ T1/10 $\simeq$ T1/3 $\simeq$ (1.1 ~ 1.3) $\overline{T}$

(5) 파랑 스펙트럼(long-crested, short-crested)

- Newton이 빛의 스펙트럼을 설명

  파향별 주파수별 스펙트럼 생각해야 원칙 → 방향 분리 않기도.

  S : 스펙트럼 밀도 함수= $\dfrac{1}{\Delta f}\sum_{f}^{f\Delta f}\dfrac{1}{2}a^{n2}$

예제

(a) 40knot 일때 ⊿T=1초로 할 때 13-14sec 때의 성분파랑의 파고는?

(b) ⊿f=0.001 ⊿f=0.1(T=10s) 부근에서의 파고는?

$H_{13.55} = 22\cdot \Delta T\cdot SH^2(13.5)^{1/2}?$

$S(f) = \dfrac{8.1X0.001Xg^2}{(2\pi)^4 f^3}e^{0.74(g/2\pi f U)^4}$ (U: m/s)

(S : m2·s)

a = √2S.⊿f

H = 2√2S•⊿f = √8S⊿f

(6) 방향 스펙트럼

- S(f,θ) = S(f)·G(f;θ) : ok

  = S(f)·G(θ)는 과장

- G : 방향 분산함수 (f에 따라 변화)

$$\int_{-\pi}^{\pi} G(f;\Theta)d\Theta \quad \text{for andy f}$$

- Mitsuyasuetal 의 G

  $G(f;\theta) = Go\ \cos^{2S}(\theta/2)$

$$Go = \frac{1}{\pi} - 2^{2s-1}\frac{ア^2(S+1)}{ア(2S+1)}$$

$$S - S_{max} \cdot (f/fp)^5,\ f \leqq fp$$

$$- S_{max} \cdot {}_{(f/}fp)^{-2.5},\ f \geqq fp$$

$$fp = 1/(1.05T_{1/3})$$

$$S_{max} = 11.5(2\pi fp \cdot U/g)^{-2.5}\text{(풍파면 약 10 ~ 20)}$$

U : 풍속

- 소개(Ref.) : Yu, T. X and

  항만 편람(1991) 부산, 홍도, 울릉도, 마라도, 강릉, 포항

  S, f , θ 동시 표현 불가

- 1파장, 단위폭의 파장 Energy

$$= \frac{\gamma}{8}H^2L,\ \text{단위면적당}\ E = \frac{\gamma}{8}H^2$$

- 경험적 Spectrum (Single-modal, bi-modal)
- Mitsuyasu , Bretschneider
- Pierson and Moskowitz(1964)

$$S(T) = \frac{8.1\times10^{-3}\times g^2T^3}{(2\pi)4}e^{-0.74(gT/2\pi U)^4}\ (m2/S)$$

U : 해상 19.5m 에서의 풍속(m/s) ? [not knot]

→ 해안공학 (Sorenson) Fig.5.4 , Eq (5.13)

Basic Coustal Engineering.

- Hasselmann et al.
- (JONSWAP spectrum) 북해

$$S(f) = aH_{1/3}^{2}\, Tp^{-4} f^{-5} \exp[-1.25(Tpf)^{-4}] r^{\exp} \\ [-(Tpf - l^{2})/2\sigma^{2}$$

$$\alpha = \frac{0.0624}{0.230 + 0.0336r - 0.185(1.9+r)^{-1}}$$

σ- 0.07 f≦fp

- 0.09 f≧fp

r = 1 ~ 7 (평균 3.3)

f = 1/T

(7) 스펙트럼 분석법 (FFT 방법 이용), Cooley & Tukey (1965)

$$f(t) = \sum_{n=0}^{\infty} \left(a_{n} \cos\ n\phi t\ + b_{n} \sin n\phi t\right) t_{0} 0 + T$$

$$\delta = \frac{2\pi}{T}$$

T : 일정시간 (주기와 구별), T 간격으로 "주기적"이라고 가정

a_0 : 전체평균

b_0: Θ

오차를 최소화하는 계수 a_0 , b_0 구하는 것이 목적

$$E = \frac{1}{T} \int_{t_0}^{t_{0+T}} (f(t) - \sum_{n=0}^{\infty}$$

$$(a_n \cos n\Phi t\ + b_n \sin\ n\Phi t))^2 dt$$

$$\frac{\partial E}{\partial a_m} = 0\ ;\ \frac{\partial E}{\partial b_m} = 0$$

$$*f(t) = a_n + \sum_{n=1}^{\infty} a_n \cos(n\phi t + \epsilon_n)$$

$$a_0 = \frac{1}{T}\int_{t_0}^{t_0+T} f(t)dt$$

$$a_n = \frac{2}{T}\int_{t_0}^{t_0+T} f(t)\cos\ n\phi t\ \ dt \qquad \text{n = 1, 2, ..., }\infty$$

$$b_n = \frac{2}{T}\int_{t_0}^{t_0+T} f(t)\sin\ n\phi t\ \ dt \qquad \text{n = 1, 2, ..., }\infty$$

3.11.2 Discrete Fourier Transform

$$f(t) = \frac{A_0}{2} + \sum_{k=1}^{N/2-1}\left(A_k \cos\frac{2\pi k}{N}t_* + B_k \sin\frac{2\pi k}{N}t_*\right) + \frac{A_{n/2}}{2}\cos\ \pi t_*$$

$$t_* = t/\Delta t \quad , \quad t_* = 1,2,\ldots N$$

$$A_k = \frac{2}{N}\sum_{t_*=1}^{N}\eta(t_*)\cos\frac{2\pi k}{N}t_* \quad , \quad 0 \le k \le \frac{N}{2}$$

$$B_k = \frac{2}{N}\sum_{t_*}^{N}\eta(t_*)\sin\ \frac{2\pi k}{N}t_* \quad , \quad 1 \le k \le \frac{N}{2} - 1$$

Fast Fourier Transform / Direction Spectrum

Discrete F.T / Maximum Likelihood Method/ M. Entranhy

/3set의 data 필요

예제 (1)

a) N=4

$\eta_{t_*} = 3,\ 2,\ 1,\ 2$

b) N =4

$\eta_{t_*} = 2,\ 1,\ 2,\ 3$

Find $A_k,\ B_k$

예제 (2)

12 data (N=12)

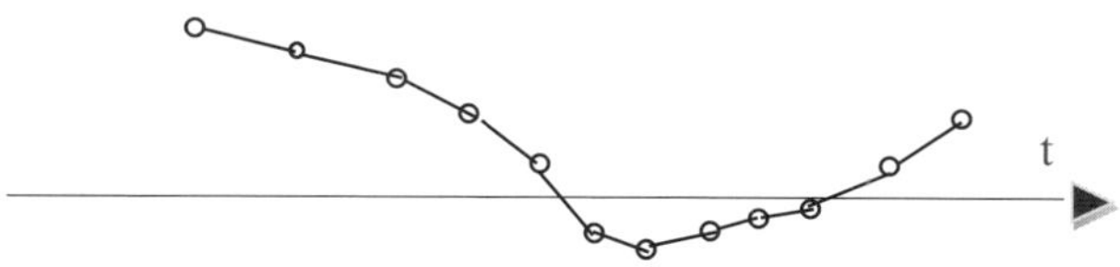

1 2 3 4 5 6 7 8 9 10 11 12

Fig. Example of digital wave record

(a) $A_0 = \frac{2}{4}(3+2+1+2) = 4$

$$A_1 = \frac{2}{4}\left(3\cos\frac{2\pi}{4} + 2\cos\frac{2\pi}{4}2 + 1\cos\frac{2\pi}{4}3 + 2\cos\frac{2\pi}{4}4\right) = 0$$

$$A_2 = \frac{2}{4}\left(3\cos\frac{2\cdot 2\pi}{4} + 2\cos\frac{2\cdot 2\pi}{4}2 + 1\cos\frac{2\cdot 2\pi}{4}3 + 2\cos\frac{2\cdot 2\pi}{4}4\right) = 0$$

$$B_1 = \frac{2}{4}\left(3\sin\frac{2\pi}{4} + 2\sin\frac{2\pi}{4}2 + 1\sin\frac{2\pi}{4}3 + 2\sin\frac{2\pi}{4}4\right) = 0$$

$$\eta(t) = \frac{4}{2} + \sum_{k=1}^{1} \sin\frac{2\pi k}{4} t_* + 0$$

- Amplitude 와 Phase 구하기

$$A\cos\omega t + B\sin\omega t = \sqrt{A^2 + B^2}\cos(\omega t - \theta)$$
$$where \quad \theta = \tan^{-1}\frac{B}{A} \qquad OK$$

3.11.3 시계열자료의 분석

Discrete Fourier Transform (DFT) for co-amplitude
co-phase diagrams

$$f(t) = \frac{A_0}{2} + \sum_{k=1}^{5}\left(A_k\cos\frac{2\pi k}{12}t_* + B_k\sin\frac{2\pi k}{12}t_*\right) + \frac{A_6}{2}\cos\pi t$$

$$t_* = \frac{t}{\Delta t} \quad , \quad t_* = 1,2,......,12$$

k=1 : 12data에 1 cycle

k=2 : 12data에 2 cycle

.

.

.

k=5 : 12data에 5 cycle

3.11.4 Algorithm

for A_k, k = 0, 6

Do k = 0, 6

```
A(k) = 0
Do iT = 1, 12
A(k) = A(k) +ETA(iT)* cos (2*PI*k/12*iT)
ENDDO
```

for B_k , k = 1, 5

```
Do k= 1, 5
B(k) = 0.0
Do it = 1, 12
B(k) = B(k) +
ENDDO
```

A_1, B_1이 M_1분조에 해당

$$Amplitude = \sqrt{A_1^2 + B_1^2}$$

$$Phase = \tan^{-1}\frac{B_1}{A_1}$$

$$\begin{aligned} &\cos(x-\theta) \\ &= \cos x \cdot \cos\theta + \sin x \cdot \sin\theta \\ &= A\cos x + B\sin x \end{aligned}$$

$$\tan\theta = \frac{\sin\theta}{\cos\theta} = \frac{B}{A}$$

3.11.5 파랑 스펙트럼과 개별파랑 특성과의 관계

$$m_0 = \overline{\eta^2} = \lim_{t_0 \to \infty} \frac{1}{t_0} \int_0^{t_0} \eta^2 dt = \int_0^{\infty} s(f) df$$

Coastal Engineering

$$\eta_s = \sqrt{\overline{\eta^2}} = \sqrt{m_0}$$

$$H1/3 = 4.003\eta_s = 4.003\sqrt{m_0}$$ (Rayleigh 분포의 경우)

$$\overline{T} = \sqrt{m_0/m_2'} \qquad m_2 = \int_0^\infty f^2 s(f)df$$

* Marginal distribution of wave period

Joint distribution of wave Height & periods

$$m_i = d\int_0^\infty f^i s(f)df$$

3.12 장기 파랑자료 추정

3.12.1 확률에 의한 장기 파장 추산

(1) 선형 회귀 분석

- 모멘트 법(method of moment)->한 구간에 여러 data있을때 사용
- 최소자승법(methoa of least squares)->가장 간단

(2) 확률분포함수 형태:

a. 정규 분포(normal distribution)

b. 대수 정규 분포(lognormal distribution)

c. 극치 분포(extreme value distribution)

- Extreme value type I(Gumbel)
- Extreme value type II(Weibull)
- Weibull 분포

* 관심있는 방향에서 한계점이 있는 경우에 적합(예:최소유량)
* $P_x(x) = \alpha x^{\alpha-1}\beta\exp[-(x/\beta)^{\alpha}]$, $x \geq 0$, $\alpha,\beta>0$
* $P_x(x) = 1-\exp[-(x/\beta)^{\alpha}]$ ≙ 비초과 확률

〈그래프〉

평균 $E(x) = \beta P(1+1/\alpha)$ ---> 확인요

분산 $Var(x) = \beta^2[P(1+2/a) - P^2(1+1/a)]$

왜도 $r = \dfrac{P(1+3/\alpha) - 3P(1+2/\alpha)P(1+1/\alpha) + 2P^3(1+1/\alpha)}{[P(1+2/\alpha) - P^2(1+1/\alpha)]^{3/2}}$

(3) 최소 자승법(선형 관계에 대하여)

Y = ax+b로 filting하고자 함 ->밀도 함수 아님, 비초과확률임

$(x_i,\ y_i)$ data set: n

여기서, x = 파고를 대표, Y = 확률을 대표

Weibull 분포인 경우

* 비선형 회귀분석 대신 선형회귀분석 방법을 사용하고자 하면

  $\exp[-(x/\beta)^{\alpha}] = 1-P(x)$ ->대수를 취하면 $-(x/\beta) = \ln(1-P)$

  $\alpha\ln(x/\beta) = \ln(\ln(1-P)$

  $\alpha(\ln x-\ln\beta) = \ln(-\ln(1-P))$ ->Y = ax+b

  $\alpha(x'_i-\ln\beta) = y'_i$

  (오차최소화:optimization개념)->minimize $\Sigma\,|\,e_i\,|$

Coastal Engineering

$$\partial Er/\partial a = 0 \ ; \ b = \frac{\Sigma y_i \Sigma x_i^2 - \Sigma x_i \Sigma x_i y_i}{n\Sigma x_i^2 - (\Sigma x_i)^2} = -5.7587$$

$$\partial Er/\partial b = 0 \ ; \ a = \frac{n\Sigma x_i y_i - \Sigma x_i \Sigma y_i}{n\Sigma x_i - (\Sigma x_i)^2} = 5.1043$$

$(n = 10,\ \bar{x} = 1.03118,\ \bar{y} = -0.49523,\ r = 093856)$

	Hs	Hs sorted x_i	$P(x \le x_i)$	1-P	$\ln(-\ln(1-P))$ $Y\ y_i'$	$x_i = \ln x$ $x_i'\ X$
1977	2.84	4.02	0.9091	0.0909	0.8746	1.3913
78	8.92	3.27	0.8182	0.1818	0.5335	1.1849
79	3.27	3.00	0.7273	0.2727	0.2619	1.0986
80	4.03	2.92	0.6364	0.3636	0.0116	1.0716
81	2.78	2.83	0.5455	0.4544	-0.2376	1.0403
82	2.68	2.78	0.4545	0.5455	-0.5008	1.0225
83	3.01	2.68	0.3636	0.6364	-0.7642	0.9858
84	2.15	2.68	0.2727	0.7273	-1.1444	0.9858
85	2.15	2.15	0.1818	0.8182	-1.6062	0.7655
86	2.68	2.15	0.0909	0.9091	-2.3507	0.7655
					Σ = -4.9523	Σ = 10.3118

기상연보참조

예제

1. 각 확률분포지에 plothing 하여보고 본 자료의 표현에 적합한가를 평가하라.
2. 50년 빈도 Hs = ? 100년빈도 = ?
   P50 = 49/50 = 0.98, y = 1.3641, x = 1.3954, Hs50 = 4.037m,;
   Hs100 = 4.168m
   $\sum x_i^2 = 10.9383,\ \sum y_i^2 = 11.4716,\ \sum x_i' y_i' = -3.5502$

* joint distribution: 주기, 파고, 파향 고려

* (correlation)상관관계

* 신뢰도(cofidence level; intervals; test)

* (multiple regression) 다중회귀분석

3.12.2 Gumbel disribution

$$P_x(x)(deusity\ fn) = \exp-(x-\beta)\alpha - \exp[-(x-\beta)]/\alpha/\alpha$$

$$P_r(y) = \exp[-y-\exp(-y)],\ \ y=(x-\beta)/\alpha$$

or

$$y=\alpha(x-u) \qquad y=\frac{1}{\alpha}x-\frac{\beta}{\alpha}$$

$$P_r(y) = \exp[-\exp(-y)] \qquad \text{for } \max imum$$

$$(non-exceeding\ \ fn)$$

y와 P_r의 관계를 선형적으로 구하려면,

$$y = fn(P_r)$$

$$-\exp(-y) = \ln P$$

$$\exp(-y) = -\ln P$$

$$-y = \ln(-\ln P)$$

$$y = -\ln(-\ln P)$$

(x, y)data set로 부터 최소자승법(회귀분석을 하면) (y와 x의 data에서)

(y=a+bx함수로)

$$a = \frac{\Sigma y_i \Sigma x_i^2 - \Sigma x_i \Sigma x_i y_i}{n\Sigma x_i^2 - (\Sigma x_i)^2} =$$

$$b=\frac{n\sum x_i y_i - \sum x_i \sum y_i}{n\sum x_i^2 - (\sum x_i)^2} =$$

(α=1/b, β=-αa)

n년(예:50년)빈도 파고는 1. P=1-1/(n+1)

2. y=-ln(-lnP)

3. x=(y-a)/xb

for minimum $P_r(y) = 1 - \exp(-\exp(y))$

log-Normal distribution

density fn

$$P_x(x) = (2\Pi x^2 \sigma_y^2)^{-\frac{1}{2}} \exp[-1/2(\ln x - \mu_y)^2/\sigma_y^2] \quad x > 0$$

y=lnx ; y=lnx로 치환하면

$$P_r(y) = (2\Pi\sigma_y^2)^{-1/2}\exp[-1/2(y-\mu_y)^2/\sigma_y^2]$$

$$P_x(x) = \int_{-\infty}^{x} (2\Pi\sigma^2)^{-1/2}(t-\mu)^2/\sigma^2]dt$$

$$\begin{cases} \mu_x = e^{\mu_y + 0.5\sigma_y^2} \\ \sigma_x^2 = \mu_x^2(e^{\sigma_y^2 - 1}) \end{cases} \begin{cases} \sigma_y = \sqrt{\ln(\frac{\sigma_x^2}{\mu_x^2}+1)} \\ \mu_y = \ln\mu_x - 0.5\sigma_y \end{cases}$$

$$\text{or} \begin{cases} \mu_y = 0.5\ln[\overline{x}^2/C_v^2 + 1)] \\ S_y^2 = \ln(C_v^2 + 1) \end{cases} \quad \text{where } C_v = S_x/\overline{x}$$

1. x알 때 P 구하는 방법

2. P알 때 x 구하는 방법

(예) 0.98

$y_i = \ln x_i$

1) $\overline{y} = \Sigma y_i n$

2) $\sigma_y =$

$S_y^2 = (\Sigma y_i^2 - n\overline{y}^2)/(n-1)$
$S_y = \sqrt{S_y^2}$

(ex) 재귀년도 5년 -> P=98 x=15.65 21.69

x= 15.80 23.405

3.12.3 극치분포(장기파장 확률적 예측)

Iwai distribution

Ref: ??? Yongbo Shim

분류:변형 log-normal distribution

(1) x에서 b를 뺀 값의 분포가 log-nrmal dist 이다.

x-b, 단 x>b

$y_i = \ln(x_i - b)$
$\overline{y} = 1/n\Sigma y_i$
$S_y^2 = 1/(n-1)(\Sigma y_i^2 - n\overline{y}^2)$

(2) Start from a probability, we get z from (0, 1) normal distribution fn

$y = \overline{y} + S_y z$
$x = e^{y_i} + b$

(3) Conclusion

a. How can we get the optimal b?

$$\text{Iwai: } b = 1/m \sum_{h=1}^{m} b_k$$

$$b_k = \frac{R_k R_p - x_0^2}{2x_0 - (R_k + R_p)}$$

$$where, R_k = x_k, \quad R_p = x_{n+1-k}, \quad m = n/10(intrger)$$

b. Existing Iwai's method is not complete, because

$$x_0 \ : \ \ln(x_0^{-b}) = 1/n\Sigma \ln(x_i - b)$$

$$\sum_{i=1}^{n}(\ln\frac{x_i}{x_0})^2 = \sum_{i=1}^{n}(\ln x_i - \ln x_0)^2 = \sum_{i=1}^{n}(\ln x_i)^2 - \sum_{i=1}^{n}(\ln x_0)^2$$
$$= nY_1 - nY_0^2$$
$$= n(Y_1 - Y_0^2)$$

3.13 파랑 관측

파랑을 관측하기 전 관측 대상 변수를 적절히 설정하여야 한다. 파고의 분포만 관측하는 경우와 파고와 파향을 모두 관측하는 경우로 대별할 수 있다. 해수면의 이동을 관측하는 방법에는 아날로그 방식과 디지털 방식이 있다. 디지털 방식을 사용하는 경우에는 관측 시간 간격을 선정하여야 한다.

파랑에 의한 수면의 위치의 변화를 관측하는 방식으로는 압력식, 가속도 측정 후 변환 방식, 음파식, 광학식과 같은 방식이 있다. 프로펠러 식이나 전자기 식으로 유속 성분을 측정하여 간접적으로 수위의 변화의 계산에 활용하는 방법도 가능하다.

3.14 파랑 변형 예측

3.14.1 기존 파랑변형 수치모델 예

- IWP(Inter-Wave-Period) Boussinesp Wave propagation Models
- Elliptic Mild-Slope Equpation Models Berkhoff(1972)
- Parabolic Approxomation Models
- IWP Hyperbolic 2-eq Wave Models Copeland(1985), Lee(1993)
- Evolution Wave Models
  Ebersole(1986)
- WPA models
  wave period Average Ray models
- 불규칙파, 비선형파 대상 이론 다수

참고문헌

Ebersole, B.A., Cialone, M.A. and Prater, M.D. 1986 Regional coastal processes: numericial modeling system report I. RCPWAVE, CERC.

제4장 장주기 파랑과 해류

4.1 조석과 기상조

4.1.1 조석(조위)

천체와 지구의 움직임에 따라 발생하는 해수면 변동으로서 규칙성이 있다. 조석은 다음 장에서 별도로 취급하기로 한다.

4.1.2 저기압(폭풍해일)

(storm) 1mb에 1m. (water의 intertia 무시하는경우)

4.1.3 바 람

(wind stress) (wind-induced set-up) : $\Delta h = k\frac{F}{h}U^2$

4.1.4 파 랑

(radiation stress) (wave-induced set-up)

4.2 부진동

장주기파와 부진동 : (secondary undulation ; resonance)

공진주기에 유의 $T=\frac{4L}{(2m+1)\sqrt{gh}}$, m = 0,1,2,3···,

m은 만내의 절(node)의 수

4.3 쓰나미(津波; tsunami)

해저에서의 지각의 운동은 융기, 함몰, 해저 화산 폭발, 단층 활동, 운석 충돌과 같이 여러 가지 형태로 나타날 수 있다. 해저 지각의 활동은 자연히 해수의 움직임을 유발하며, 이를 쓰나미라고 부른다. 쓰나미의 진원의 위치와 전달 경로에 따라서 해안에 도달하는 쓰나미의 크기가 매우 커지는 경우가 있으며, 해안 주민에게는 매우 큰 위험 요소라고 할 수 있다.

해저 지진이 심해에서 발생한 경우에 발생 위치에서는 수심의 영향으로 파고가 크지 않다. 쓰나미의 전파 속도는 장파의 파속으로서 수심이 깊을수록 빠른 특징이 있다.

지금까지 해안에 큰 피해를 미친 쓰나미는 리히터 단위로 강도가 크고 천해에서 발생한 지진에 의한 쓰나미가 많았던 것으로 알려져 있다.

쓰나미는 단일 파형에서부터 몇 개의 연속되는 파형에 이르기까지 다양한 파형을 갖는다. 이 중 최고 파고는 최초의 몇 개의 파에서 발생하는 경우가 대부분이다. 쓰나미 파의 주기는 규칙적이지 않으며 해역에 따라 다르나 통상 수 분에서 수십 분 정도의 주기 범위를 갖는다.

쓰나미로 인한 해수위 변동을 대표적으로 표현하는 방법으로서 "최대편차"는 쓰나미에 의한 정미 변동부의 최대값을 말한다. 반면 수위 상한값은 "최대 전진폭"으로 부르며, 조위 성분과 함께 수위가 최고가 될 때의 수위는 "최대수위"이다.

쓰나미는 최초 발생지로부터 주변 해역으로 전파하면서, 굴절, 회절, 천수화, 처올림과 같은 변형을 겪게 된다. 이러한 변형은 앞 장에서 기술한 단주기의 장파의 변형과 유사하며 다만 풍파에 비하여 주기가 상대적으로 더 긴 편이라는 점이 다르다.

4.4 해류(ocean current)

해양에서 외력이 해수에 작용하면 수위가 변화하면서 동시에 해류가 발생한다. 해류를 발생시킬 수 있는 외력은 여러 가지이다. 광의로는 해양에서 존재하는 모든 흐름을 해류라고 할 수 있다.

천체간의 인력으로 인하여 발생하는 조석의 경우, 조위의 변화를 따라 동시에 조류가 발생하며, 조석과 조류가 밀접한 연관을 가지고 있다. 해역에 따라서 해류 중 매우 큰 비중을 차지하는 조석에 의한 조류는 규칙성이 있는 특수한 해류로서, 다음 장에서 별도로 취급하기로 한다.

해수는 대기와 접촉하고 있으며 대기의 움직임과 기압은 해수의 거동에 직접 영향을 미친다. 지구적 관점에서 볼 때 지구 규모의 대기 순환과 해수의 순환은 밀접한 관계가 있으며, 해역에 따라 연중 한 방향으로 또는 계절별로 일정한 방향으로 흐르는 해류가 있다. 조석 잔차류, 해수의 밀도차, 바람에 의한 해수면 변동, 해수면 경사가 발생하여 이를 보정하기 위한 국소적인 경사류, 보류가 존재한다. 이러한 밀도류, 경사류와 보류를 협의의 의미로 해류라고 한다. 해류를 해수의 온도에 따라 한류와 난류로 나눈다. 대규모 순환 해류 중 우리나라 인근 해역에서 뚜렷한 해류로는 대마 난류, 동한 난류를 들 수 있다. 동중국해과 일본 인근까지 발달한 해류로는 흑조 난류, 흑조 본류, 흑조 반류, 대조 난류, 동한 난류, 북한 한류가 있다.

4.4.1 취송류

국소적인 관점에서 해수표면에 바람이 불 때 수면이 무한대로 넓다는 가정을 할 경우 수면에서부터 점차 수심이 깊은 곳에까지 흐름이 발생한다. 이를 바람류 (취송류; wind-induced current) 로 부르기로 한다. 바람의 조건과 수심과 해저면 조도와 같은 해수의 조건이 주어지면 경험적 이론식으로부터 취송류 수평방향 속도성분의 연직방향 분포를 예측할 수 있다.

Ekman(1905)은 취송류의 형성에서 Coriolis 힘의 영향이 크다는 사실을 발견하고, 이론적으로 설명한 바 있다. 북극 근해에서 Coriolis 힘의 작용으로 표층에서 발생하는 흐름의 방향은 바람 방향으로부터 20 – 40° 우측으로 편향됨을 보였다. 표층에서부터 아래로 내려갈수록 흐름의 방향은 더욱 우측으로 편향되어 유속벡터를 공간적으로 그리면 나선 형태가 되는 특성을 보인다 (Ekman 나선).
50% of wind speed

- 취송류는 표층에서부터 아래로 갈수록 급격히 속도가 약하여지며, 수심에 따라 저면에는 영향이 없거나 매우 약하여 진다.

4.4.2 파랑류(연안류 : wave-induced current)

- 필요성 : 파랑류의 평면적, 또는 2 차원 공간적 분포를 파악
- 연안류와 이안류와 같이 방향성을 포함하는 흐름으로 표현하기도 한다.
- 연관 물질분포 예측의 입력자료 구함
- 기본 방정식은 연속방정식과 운동방정식으로 구성된다.

$$\frac{\partial \eta}{\partial t} + \frac{\partial Ud}{\partial x} + \frac{\partial Vd}{\partial y} = 0$$

$$\frac{\partial U}{\partial t} + U\frac{\partial U}{\partial x} + V\frac{\partial U}{\partial y}$$

$$+ g\frac{\partial \eta}{\partial x} + \frac{1}{\rho d}\left(\frac{\partial S_{xx}}{\partial x} + \frac{\partial S_{xy}}{\partial y}\right) - \frac{T_x}{\rho d} = 0$$

$$\frac{\partial V}{\partial t} + U\frac{\partial V}{\partial x} + V\frac{\partial V}{\partial y} + g\frac{\partial \eta}{\partial y} + \frac{1}{\rho d}\left(\frac{\partial S_{xy}}{\partial x} + \frac{\partial S_{yy}}{\partial y}\right) - \frac{T_y}{\rho d} = 0$$

S_{xx}, S_{xy}, S_{yy} : radiation stresses

$$S_{xx} = S_{11} \cos^2\Theta + S_{22} \sin^2\Theta$$

$$S_{xy} = S_{11} \sin\Theta \cos\Theta - S_{22} \cos\Theta \sin\Theta$$

$$S_{yy} = S_{11} \sin^2\Theta + S_{22} \cos^2\Theta$$

$$S_{11} = E\left(\frac{2c_g}{c} - 0.5\right)$$

$$S_{22} = E\left(\frac{c_g}{c} - 0.5\right)$$

제5장 조석과 조류

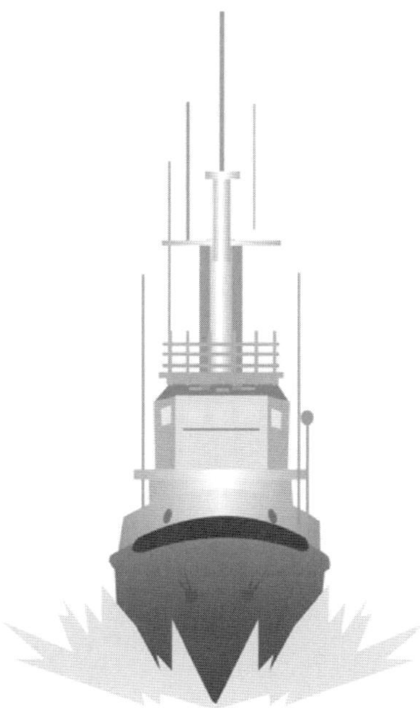

5.1 조　석

5.1.1 조석의 조화분배(harmonic analysis)

"조화분배" = "분조"로 표현

(f:위도,적도와 천체궤도와의 경사각,천체궤도의 이심률)

V − K+Vo+σt − k

(4) $h(t) = ho + \sum^{n} fnHncos(Wnt + Vn + Un - Gn)$

Vo : 천체가 대상지점의 자오선 통과 후부터 t = 0으로 취하는 시각 까지의 시간을 각도로 환산한 값;

Gn : 지각 (phase lag):천체의 기준시 기준 자오선 통과에서 대상지점에서의 고조까지의 시간을 각도로 환산(= k')(= pL-WnS+Kn);

ηo : 평균해면

$= ho + \sum^{n} fnHncos(Wnt + (Vn + Un)local - Kn)$

조화상수(Vn+Un)local+(Vn+Un)Greenwich-pL+WnS

비조화상수 = $ho + \sum^{n} fnHncos(Wnt+$

- 분조 고려수 : 1,2,4,.... ,37,
- 조화분석을 위하여 필요한 자료길이 : 19년, 1년, 1개월 ,15일
- 평형조석 가정하면

(1) Greenwich에서는

$$h = ho + \sum^{n} fnHncos(Wnt+(Vn+Un))$$

(h:조위 ho:평균조위 H:조석 진폭 W:각속도 t:GMT(Greenwich mean time)1995년 3월 3일 00:00(G) V+U:천문학적 계수 (G) V:일정하게 변화하는 계수 f,U:위치에 따라 보정 f:연중 상수로 취급가능)

(2) 경도 L° (서경)

$$h = ho + \sum^{n} fnHncos(Wnt+Vn+Un-pL(or\ 2*126.7° E))$$

P:일주조:1,반일주조:2,...정확한 태양시의 차이

(3) 현지시각으로 바꾸면

$$h+ho+ \sum^{n} fnHncos(Wnt+Vn+Un-pL+WnS)$$

1995년 3월 3일 00:00(L)

현지 현지시각 기준으로 찾은 Greenwich값

예제 (1) **우리나라 서해안의 한 정점에서의 조석 예측**

1. h = Hcos(Wt+Vo+U)
   Greenwich 시각, Greenwich에서 Vo+U가 주어짐 (천체의 위상)
   1995.3.3.00:00 L = 0°, 48°, P = 2, W = 29°
2. 동경 126°에서 Greenwich 시각으로 수위는 동경 180°(= 서경 180°)에서 Greenwich 와 같은 수위를 가지므로 지구 한바퀴를 두 주기 통과하는 만큼의 위상차 발생
   (t)h = Hcos(wt+vo+u-pL) (+2×126°) = 252

3. h = Hcos(wt*+vo+u-pL+ws)　->4.h = Hcos(-k0
동경 126°에서 지방시 (동경 135°기준시)시각으로 수위는
t* = t+9　(t* = 지방시, t:Greenwich시); 일반적으로 서경 기준으로
t* = t-s　t = t*+s
t = t*-9　(s = -9)
-9w = -261°를 더한 위상을 갖는다

Talle(vo+u)은 Greenwich 위치에서의 값이며, 시각의 기준은 local time 으로 구할 때는 local time이 기준이다.(1995.3.3.00:00를 G기준으로 1995.3.2.15:00으로 찾으면 안됨. 9w≠270°) = =>있던 커브를 t에 관하여 수평이동; (vo+u)는 변화가 없음.

Q: Modelling시 외해 경계면 또는 내부의 지각의 기준은 g or k?
A: 특정 지방시를 기준으로 하게 되므로 g 를 사용한다.

4. 식 h = Hcos(wt*+(Vo+u)-pL+ws-k)
= Hcos(wt*+(패+u)-"g"의 "g"를 쓰는 것이 맞다.(Vo+u를 대상해역 전체에 동일 값을 줄 수 있음)->*Greenwich talle에서 현지시각 기준의 계수 구하면 됨
* 가상적으로 특정지점에서 그 지점 기준의 시각을 쓸 수 있다면
g = k
조석 예측

$$\eta = \sum_{n=1}^{n} \text{hnfncos(Wnt+(Vn+Un)-gn)}$$

예제 (2) 우리나라 서해안의 한 정점에서의 조석 예측 (2000년 3월 6일 17:54의 인천)

[대조][고조] [또는 18:00]
1. (Vn+Un)을 2000.3.6.00:00의 값을 찾음

Coastal Engineering

* Greenwich을 기준으로 Greenwich talle찾음 확인 2002.10.16[그냥찾음 : 시간변환 불필요]

$t = 17\frac{51}{60}$ 을 사용(현지시각)

(Vn+Un):2000년(윤년):134.5° 3월:1.49° 6일 :238.09° (대신 7일:213.71°)

$\sum = 349.70°$

-pL++126.42° ×2 = 252.83° no use

ws = -260.86°

대조 ηm2 = Hm2cos(521.71° +349.70° -137.72°)
= Hm2cos(733.69° =>13.69°) ok

ηs2+Hs2cos(540.00°+0°-196.3°) = Hs2cos(343.70°
=>-16.30) ok

2. 기준시각을 2000.3.6.18:00로 할 경우
Wnt = 0
(Vn+Un) = 134.5°(2000년<윤년3월>+1.49)+1.49°+213.71°
(6일<대신7일>)+161.71°(18시) = 511.41
gn = 137.72°
ηm2 = Hm2cos(0+511.41-137.72°) = 373.69° = 13.69°
(1)전과 완전히 동일

3. (Vn+Un)을 Greenwich 시각 2000.3.6. 9:00에서 찾이쓸 경우
Wnt = 0
(Vn+Un) = 134.5°+1.49°+213.71°+260.86° (9시) = 610.56°
=> wrong!

$\sum \phi = 0 +610.56-137.72 = 112.84°$

예제 (3) 우리나라 서해안 인천의 2000년 3월 3일 하루 동안의 조위를 시간별(6시간격)로 예측 (4개 주요 분조 고려)

항만 시설물 설계기준: Hm2 = 284.5cm   w = 28.98°

K: k(each)   km2 = 130.3°   30.00°   ->gm2 = 137.72°

Hs2 = 109.1cm   15.04°

Ks2 = 179.3°   13.94°   ->gs2 = 196.3°

Hk1 = 38.7cm

Kk1 = 296.1°

Ho1 = 28.1cm

Ko1 = 266.8°

!) g값을 대입하면

h(t) =

ho+[1.032fm2Hm2cos(wm2t+(134.5y+1.49°m+d238.09)-137.72°)309.5+1.0fs2Hs2cos(ws2t+(0.0°+0.0°−0.0°)-195.9°)]

t = 0을 {1995년 3월 3일 00:00로 할 경우}

= ho-274.8-109.09(cm) = ho-385 = ho-284.01(cm)

실제 3월 3일 00:15에 1(cm) (기본수준면상)

현지시각 vo+u을 Greenwich시각의 값으로 (3월2일 15시)

Greenwich 시각 vo+u

M2 18.2°+1.49°+335.62°+74.76° +145.8

S2 0.0°+0.0°+0.0°+90.00°

M2 7.42+kn = 137.72°

S2 16.6+kn = 195.9°

!!) K를 k(kappa)라고 하면,

g = pL-wnS+knK1 8.66+kn = 304.76°

h = ho-285.8-104.9-25.37+27.35 = ho-388.7

O1 -1.24+kn = 265.56°

Coastal Engineering

5.1.2 조석(tide)

- 중요 참고문헌

Defant, A, 1961. Physical oceanography, Vol.11. Pergamon Press, New York.

Neumann, G, & Pierson,W,J. 1966. Principles of physical oceanography. Prentice Hall, New Jersey.

MacMillan, D, H. 1966. Tides. American Elsevier, New York.

Schureman, P. 1940. Manual of harmonic analysis & prediction of tides. Special

Publication 98, Coast and Geodetic Survey, Dept. of Commerce, Washington, D, C.

Goden,G. 1972. The analysis of tides. Univ of Toronto Press

Dronker, J, J. 1964. Tidal computataion. North. Holland Publishing Company, Amsterdam

(설명) (그림2-11) (그림20-12)

(용어) 고석, 만조 = 고조, 간조 = 저조, 창조 = 밀물, (flood), 낙조 = 설물,

조차, (조류), 1일 1회조, 1일 2회조, 일조 부등 → (그림으로 설명)

천문조(astronomical tide), 기상조(meteorological tide)

고조간격, 저조간격, 월조간격, 평균월조간격

조석표-(조시 = 30분, 조고 30m 정확도)

반일주조, 1일주조.

형태수 ≙ $(H_{K_1}+H_{o_1}) \,/\, (H_{M_1}+H_{s_2})$

참고) $F < 0.25$: semi - diurnal

평균고조간격 $0.25 < F < 1.5$ mainly semi - diumal

평균저조간격 $15 < F < 3$ mainly diurnal

$F > 3$ diurnal

5.1.3 조석력

(교재설명) 공전에 의한 원심력 = 인력

(용어) 대조(spring tide)

소조(neap tide)

대조승 = 대조 평균 고조위 (HWOST) = $2(H_m+H_s)+H_o+H'$

소조승 = 소조 평균 고조위 (HWONT) = $2H_m = H_o+H'$

조금 = 소조

사리 = 대조

Q : 왜 지구는 양쪽으로 조석이 발생하는가?(원심력과 인력의 관계)

5.1.4 항만 기본 수준면

약 최저 저조위 (Approx. LLW) = 0.0

평균해면 (MSL) = $H_m+H_s+H_o+H'$

약 최고 고조위 (Approx. HHW) = $2(H_m+H_s+H_o+H')$

5.1.5 조석, 조류 관측 및 처리

- 조석 관측기기 : (압력식, 부표식)

- Aanderaa Water Level Recorder (WLR) 5/6 :
- 압력식 : 기압보정요
- 부표식 : 특수 우물 설치요
- 초음파식 :

  -TBM 설치

  -표척관측

  -기기계류, 회수 : U-Type, L-type, Acoustic Release System

  -조화분해 Package, "TIRA"

  -조류 관측기기 :

  ⎧ 직접관측 : 유속 측정 ——— ⎡ Lagrangean 방법 (부표)

  ⎩ 간접관측 : 수온. 염분 측정. ⎣ Eulerian 방법 (고정점)
- Aanderaa Recording Current Meter (RCM) 4/5

  계류방식 : U-type, I-type, W-type.
- Braystoke

5.2 조류(tidal current)

조류는 조석으로 인하여 발생하는 흐름장이다. 조류는 스칼라 값인 조석과 달리 벡터의 성질을 갖는다. 해안역에서는 조류 성분 중 수평방향 성분이 더 크며, 주 관심 대상이 되어 왔다.

조류의 수평 방향 성분을 x 방향(E 방향)과 y 방향(N 방향)으로 나누면, 각각을 조석을 표기하는 방식과 같게 표시할 수 있다.

조류는 조석 주기내의 변화를 모두 그림으로 표현하는 경우 조류 벡터의 화살 끝이 만드는 도형이 타원형에 가까운 도형이 되며, 이를 조류 타원도라고 부른다. 조류가 왕복성에 가까우면 직선에 가까워져서 타원형의 세장비가 커지며, 그렇지 않은 경우에는 원형에 가까워진다. 개방 해역에서는 조류의 특성상 왕복성에 가까운 조류가 많다.

관심해역에서의 조류의 특성을 쉽게 파악할 수 있도록 조류 타원도의 주축의 크기과 방향, 보조축의 크기와 방향으로 표시하기도 한다.

5.3 조석 조류 관측 및 분석

- 조위 조화분해: TIRA
- 조화분해 : Rotary spectral analysis , "TICAP"

조위의 관측시 절대표고를 측정하여 두어야 절대조위와 평균해면의 절대표고를 구할 수 있다. 조위 관측점 인근의 육상 수준점의 표고와 대상 관측점에서의 기준 표고와의 관계를 수준측량을 통하여 파악하여야 한다.

조위를 측정하는 방법은 여러 가지가 있다.

- 표척 이용
- 부표 이용, 자동 기록식
- 압력식 센서
- 음파식 센서
- 광학식 센서

조위 관측시에는 동시에 평면상의 위치 (경위도), 수심, 시각, 수온, 염분, 수압, 기압, 풍속, 풍향, 파고 및 파향과 같은 해황에 관한 항목을 측정하는 것이 바람직하다. 이러한 자료는 직간접적으로 관측 결과를 분석하는데 사용된다.

측정한 디지털 형태의 자료로부터 조석 조화상수를 구하여 둔다. 조위자료의 시간 간격, 총 자료수, 불량자료의 수를 파악하고, 구하고자 하는 분조의 수를 선정한다. 대상 분조를 선정하고 나면, 자료와 조화분해 소프트웨어로부터 각 분조의 진폭과 위상을 구한다. 조화분해 관련 이론은 대상 분조의 각속도를 미리 알고 있다는 점을 활용하여 여러 삼각함수의 합으로 구성된 관측 조위로부터 대상 분조의 진폭과 위상을 구하는 과정을 포함한다.

5.3.1 조류 관측 및 분석

조류 관측시에도 조위 관측시와 같이 관련 해황을 동시에 관측하는 것이 바람직하다. 조류 관측이 조위 관측과 다른 점은 조류의 경우에는 둘 또는 셋의 성분을 관측한다는 점이다. 2차원적 관측의 경우에는 보통 x, y 방향의 성분을 측정하며, 3차원적 관측의 경우에는 x, y, z 방향 성분을 측정한다.

2차원적, 또는 3차원적 측정의 경우, 수층 내의 한 점에서 조류를 측정하는 1점 측정이 있다면, 여러 기기를 동원하여 다점 측정을 할 수도 있다. 근래에는 전층의 유속성분을 측정하는 프로파일러 (profiler) 형 기기가 다수 제작되어 활용되기 시작하였다. 천해역에서와 해저지형의 변화가 완만한 경우에는 수평방향의 두 조류 성분을 주로 관측한다. 조류의 방향은 관측 기간 동안 계속하여 기준 방향이 확립되어 있어야 하며, 진북이나 자북의 방향을 나침반을 이용하여 유지하여야 한다.

조류의 관측 기법은 여러 가지가 있다.

- 회전식 (프로펠러식)
- 전자기식
- 음파식
- 광학식

측정한 시계열 자료를 분석하여 조류 조화상수를 얻을 수 있다. 조화분석 결과는 x, y, z 방향 각 성분별로 진폭과 지각을 표시하는 방법이 있으며, 장회전축, 단회전축의 크기와 방향을 표시하는 방법도 겸용되고 있다.

5.4 조석 조류 예측

5.4.1 조류(tidal current)의 수치 모형기법

- 필요성 : 조류의 분포를 파악
  연관 물질분포 예측의 입력자료 구함
- 차　원 : 조석모형과 동일
- 기본방정식 : 연속방정식과 운동방정식으로 구성된다.

$$\frac{\partial \eta}{\partial t} + \frac{\partial Ud}{\partial x} + \frac{\partial Vd}{\partial y} = 0$$

$$\frac{\partial U}{\partial t} + U\frac{\partial U}{\partial x} + V\frac{\partial U}{\partial y} + g\frac{\partial \eta}{\partial x} - \frac{T_x}{\rho d} = 0$$

$$\frac{\partial V}{\partial t} + U\frac{\partial V}{\partial x} + V\frac{\partial V}{\partial y} + g\frac{\partial \eta}{\partial y} - \frac{T_y}{\rho d} = 0$$

- 경계조건

해저면, 해수면 : 조석모형과 동일

육지경계면 : 조석모형과 동일

개방경계면 : "wave setup"문제

- 모형적용순서

  파랑모형 적용 → 본 모형 적용

- 기존 Pakage : DELFT-3D,

  MIKE-21

  MIKE-3

  HMCS3D

  TIDEWAY-2D,

  TIDEWAY-3D,

  TELEMAC-2D

  KU-WIFLOW

제6장 해안 퇴적물 이동

6.1 해안 퇴적물의 종류와 구분

해안의 퇴적물은 다양한 재료로 구성되어 있다.

내포하고 있는 광물 성분 별로 구분한다면, 석영, 장석, 운모, 그 외의 여러 성분으로 구성된다.

유기물질 포함 여부로도 구분한다. 유기물질 포함 정도를 무게 비율로 표시하는 방법을 많이 쓴다.

퇴적물 입자의 크기로 구분하는 방법이 많이 쓰인다. 이 때 퇴적물에 포함된 유기물질은 통상 제외한 부분의 입자의 크기만 기준으로 삼는다. 입자의 크기에 따라 차지하는 무게의 비율을 단순하게 표시하거나 입자의 크기에 따라 누적된 퇴적물의 무게를 표시하는 방법으로 입도분포를 표시한다. 입도분포로부터 평균 입경, 중앙 입경, 분산, 왜도와 같은 필요한 여러 통계적 자료를 얻을 수 있다.

입도분포와 유기물질 포함 비율을 고려하여 퇴적물을 점성토와 비점성토 (입자성 퇴적물) 로 구분하는 경우가 많다.

여러 표준 분류법에 의하면 입경에 따라 자갈, 모래, 실트(silt), 점토 (clay)로 구분한다. 통상 직경 2 mm 이상은 자갈, 직경 0.62 mm−2 mm는 모래, 4 μm − 0.62 mm는 실트, 4 μm 미만은 점토로 분류한다.

자갈, 모래, 실트, 점토의 무게 비율을 기준으로 퇴적물을 적절히 구분하여 퇴적물의 종류를 이름을 부여하는 방식을 사용하고 있다. 구분 방식은 토질역학 관련 서적에서 찾을 수 있다.

퇴적물이 비점성토 위주인 경우는 퇴적물 입자가 각각 활동하므로 이에 적합한 퇴적물 이동을 예측하게 된다. 반면 퇴적물이 점성토 위주인 경우에는 점성이 퇴적물 이동에 미치는 영향이 크므로, 이를 반영할 수 있는 기법으로 퇴적물 이동을 예측하는 것이 보통이다. 비점성토와 점성토가 혼합되어 있는 경우의 퇴적물 이동 예측 기법은 세계적으로도 아직 정립되어 있지 못한 실정이다.

우리나라 해안의 경우 동해안은 폐쇄되어 있는 만이나 항만 내측 외에는 사질퇴적물이 많은 편이다. 서해안과 남해안은 해역에 따라 비점성토, 점성토가 같이 존재한다.

6.1.1 비점성토의 이동

해저면 표면은 드물게 암반으로 노출되어 있는 경우도 있지만 대부분 퇴적물로 구성되어 있다. 외력의 작용으로 이동하는 퇴적물이 사질토인 경우 이를 표사(surface sediment; sediment transport) 라고 부른다. 표사는 파랑이나 흐름에 의하여 퇴적물이 이동하게 된다.

퇴적물의 이동 형태는 크게 해저면에 가까이에서 구르거나 미끄러지거나 튀는 방식(saltation)으로 이동하는 소류사 이동(bed load)과 수층에 떠서 이동하는 부유사 이동(suspended load)으로 나눌 수 있다. 튀는 방식의 이동과 부유사 이동의 구분이 쉽지 않기 때문에 소류사 이동과 부유사 이동을 이동 중인 퇴적물의 높이가 해저면에서부터 얼마나 떨어져 있는가로 구분하기도 한다. 소류사 이동과 부유사 이동을 합하여 전 유사 이동(total load) 라고 부른다.

퇴적물 이동 방향이 해안선을 따라 평행한 경우의 퇴적물 이동을 연안방향 표사(longshore transport)라고 하며, 해안선에 직각인 방향 즉 육지와 외해를 연결하는 선의 방향의 퇴적물 이동은 파랑진행방향 표사(on-offshore transport; cross-shore transport) 라고 한다.

해안에서의 퇴적물 이동을 해빈에서의 퇴적물 이동인 정선표사 (beach drift)와 외해에서 이동하는 외해표사 (offshore drift)로 구분하기도 한다.

해안에 따라서는 지형과 외력의 영향으로 특이한 해안선 형태를 띠는 경우가 있다. "커스프(cusp)"는 오목한 해빈, "톰볼로 (tombolo)"는 섬이 육지에 연결된 육도, "계단형 해빈 (steptype beach)"는 해빈의 단면이 계단의 형태를 띠는 경우이다.

전형적인 사질토 위주의 해안의 단면은 그림과 같다.

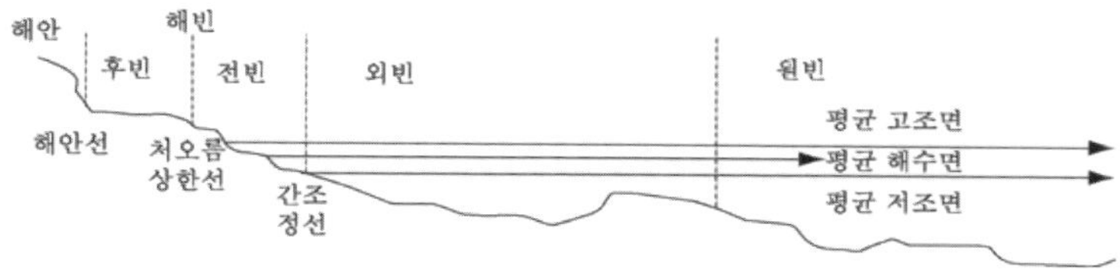

Fig. Definition of beach lines

6.1.2 점성토의 이동

점성토 해저면은 상당히 완만한 경사를 유지하고 있다. 퇴적물 입자의 이동 형식은 주로 부유사 형태이며, 퇴적물 입자가 작으므로 소류사 이동을 무시할 수 있다. 해저면의 조도는 사질 퇴적물에 비하여 크지 않은 편이다. 그러나 해저면 형상은 완전한 평면이 아니며 약간의 조도를 갖는 것으로 알려져 있다.

6.2 해안 퇴적물의 이동(표사 이동)

해저 퇴적물은 해저에 작용하는 전단응력이 아주 작을 때에는 이동하지 않는다. 저면 전단응력을 점차 키운다면 어느 단계에 가면 저면 퇴적물중 극히 일부가 움직이기 시작할 것이며, 계속 전단응력이 커짐에 따라 퇴적물의 움직임이 더욱 활발하여질 것이다. 사질 퇴적물의 경우에는 소류사 이동이 발생할 것이다. 그 보다 더 전단응력이 커지면 퇴적물의 일부가 부유하기 시작한다. 이런 단계들을 각각 특정 운동을 위한 한계 전단응력이라고 할 수 있다. 이 중에서 한계 전단응력 중 가장 중요한 값 중 하나로서 이동 한계 전단응력을 들 수 있다.

6.2.1 이동 한계 상태 - 비점성토

Shields는 비점성토의 이동한계 상태를 무차원 변수인 Shields 수로 설명한 바 있다. 즉 퇴적물의 입경에 따라 퇴적물의 입경, 퇴적물의 밀도, 점성을 고려하여 무차원화한 저면 전단응력의 크기가 결정된다고 주장하였다.

6.1.2 침식 한계 상태 - 점성토

점성토의 경우 점성토에 따라 일정 전단응력 이상의 전단응력이 작용하여야 퇴적물이 분리되어 이동하게 된다. 이 때 점성토의 입자가 하나씩 분리되는 형식과 점성토 덩어리가 분리되는 유형이 존재한다. 퇴적물이 분리되고 이동하는 것을 해저면이 침식이 된다고 볼 수 있으므로 흔히 이동 한계 전단응력 대신 침식 한계전단응력으로 표현한다. 침식 한계 전단응력은 퇴적물의 입도, 밀도, 건조밀도, 내포하고 있는 유기물의 특성, 압밀 정도에 따라 다른 값을 가지므로 일반성 있는 경험식이 존재하지 않는다.

6.1.3 퇴적 한계 상태 - 점성토

점성토의 경우 부유한 퇴적물이 흐름이 약한 해역에 이동하여 오면 침강하여 해저면에 퇴적된다. 그런데, 해저면에 작용하는 전단응력이 어느 정도보다 커 부유 퇴적물이 퇴적을 하지 못하는 특성이 있다. 이 경계의 전단응력을 퇴적 한계 전단응력이라고 부른다. 점성토의 특성상 퇴적 한계 전단응력의 값은 퇴적물의 종류에 따라 다르므로 필요시 대상 점성토의 고유의 퇴적 한계 전단응력을 구하여야 한다.

6.1.4 소류사량 또는 총퇴적물 이동율 경험식

$$\Phi_x = \frac{C}{T}\int_0^T [|\overrightarrow{\tau_c} + \alpha\overrightarrow{\tau_w}| - \tau_{cri}]_x^n dt$$

$$\Phi_y = \frac{C}{T}\int_0^T [|\overrightarrow{\tau_c} + \alpha\overrightarrow{\tau_w}| - \tau_{cri}]_y^n dt$$

여기서 Φx는 퇴적물 이동율의 x 방향 성분, Φy는 퇴적물 이동율의 y 방향 성분, α는 파랑관련 저면 전단응력의 효율에 관한 경험상수, C는 경험 상수, T는 파의주기, t는 시간, τw는 파랑 관련 순간 저면 전단응력 벡터, τc 는 흐름 관련 즉 지속적 저면 전단응력, τwc는 파랑과 흐름 복합 순간 저면 전단응력, τcri는 이동 한계 저면 전단응력, n은 경험 지수으로 보통 1.5 – 3.0의 범위의 값을 사용한다. 여기에서 τc는 파랑이 존재하지 않을 때의 흐름 관련 저면 전단응력이 아니라 파랑의 영향을 받은 결과적 평균 흐름에 관련된 저면 전단응력이다. Kim(2004)은 파랑의 존재로 인하여 흐름장이 어떻게 영향을 받는지에 대하여 기술한 바 있다.

위의 적분 단계를 복잡하게 계산하는 대신 단순하게 근사값을 구하고자 하면 식의 형태를 단순화할 필요가 있다.

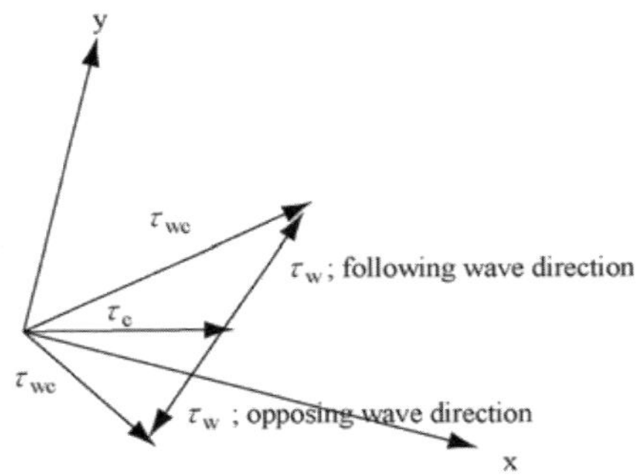

Fig. Summation of wave and current shear stresses

6.1.5 3차원 부유사

$$\frac{\partial c}{\partial t}+\frac{\partial}{\partial x}(cu)+\frac{\partial}{\partial y}(cr)+\frac{\partial}{\partial z}(cw')-\frac{\partial}{\partial x}(D_x\frac{\partial c}{\partial x})$$
$$-\frac{\partial}{\partial y}(D_y\frac{\partial c}{\partial y})-\frac{\partial}{\partial z}(D_z\frac{\partial c}{\partial z})=0$$

1차원 평면 $c(x,0)=M_0\delta(x)$

$$c(x,t)=\frac{M_0}{\sqrt{4\pi Dt}}\exp(-x^2/4Dt)$$

총유사(total load) = 소류사 (bed load) + 부유사(suspended load)

$T=10s$

$H_0=5m$

$L_0=gT^2/2\pi=155.97m$

$h_i=?$

6.1.6 표층이동 한계수심〉완전이동한계수심

"퇴적물 이동 ; 표사이동 ; 지형변화"(sediment transport ; littoral drift ; bathymetric change)

"표사이동 한계수심" ; 초기 ; 전면 이동한계 ; 표층 ; 완전 ; Sato & Tanaka의 식

$$\frac{H_0}{L_0} = \alpha\left(\frac{d_s}{L_0}\right)^n \left(\sinh\frac{2\pi h_i}{L}\right)\frac{H_0}{H}$$

$n = 1/3$

$\alpha = 1.35$ (표층)

2.4 (완전)

(H_0, L_0, d_s)given → (k_i, L, H)found

"폭풍해빈 (stormy beach)"

- 대책 : 이동한계수심

호안 ; 돌제 ; 이안제 ; 양반

사전검토

시공순서에 유의

6.3 해저면 퇴적물의 자연 형상

해저면 상의 퇴적물은 평탄한 형태를 유지하는 경우 뿐 아니라 여러 가지 형태를 갖기도 한다.

작은 형태로는 모래결(ripple; 사련, 사흔) 을 들 수 있다. 큰 모양으로는 대형 모래결(mega-ripple), 사구(dune) 로 부른다. 큰 모양 위에 작은 모양의 모래결이 중첩될 수도 있다. 크기별 구분을 엄격하게 하기 위하여서는 명칭 별 정의를 명확하게 할 필요가 있겠으나, 아직 이를 구분하기 위한 경계가 정해진 바는 없다.

해저면 형상이 중요한 이유 중 하나는 해저면 형상이 해저면 조도와의 연관성이 높기 때문이다. 해저면 조도는 흐름장의 저면 마찰 저항과 에너지 손실을 평가하기 위하여 반드시 필요한 물리량이다.

해저면 형상은 파랑과 흐름의 방향에 따라 2차원적인 형태를 띠고 있거나 3차원적 형태를 띤다. 해저면 형상은 흐름 조건이 주어지면 그 조건에 맞추어 형성되고 성장 또는 쇠퇴한다고 볼 수 있다. 그러나, 흐름장의 조건이 어떻게 주어지는지에 대하여서는 주의를 기울여야 한다. 유속이나 전단응력이 결정되어 있는 조건인지, 에너지 경사가 주어진 조건인지에 따라 흐름장 자체가 해저면 형상의 발달에 따라 변화하는 상태에 있기도 한다.

해저면 형상을 예측하고자 할 때 경험적 방법을 활용할 수 있다. 해저면 형상은 엄격하게 본다면 많은 독립변수에 의해 좌우될 것이다. 그러나 경험식에서는 주요 변수의 영향만 고려하는 경우가 많다. 고려하여야 할 변수로서는 수심, 해저면 퇴적물의 입도분포, 해수의 점성, 난류 강도, 해수의 온도, 흐름장의 요소 중 파고, 파랑의 주기, 해저면 가까이에서의 파랑에 의한 수입자 속도와 왕복 이동 반경, 흐름의 속도 분포, 파랑과 흐름의 만나는 각도가 있다.

해저면 형상을 가장 간단한 삼각형 단면으로 가정한다면 형상의 길이와 높이를 예측할 필요가 있다.

해저면 형상을 예측하였다면 이를 해저면의 조도로 환산할 필요가 있다. 해저면 형상과 이의 유효 조도에 관하여 여러 이론이 있다 (Kim, 2003

참조).

Fig. Typical ripple profile

Fig. Superposition of dunes and ripples
사구 위에 모래결이 중첩되어 발달한 경우의 단면 형태 예

6.4 해안 지형변화

6.4.1 표사대책

6.5 퇴적물 이동 관측

지형변화 예측 기법 : 수치모형실험(60) or 수리모형실험(40) or 현장관측

6.5.1 수치모형실험의 종류

지형변화

z_b : 저면높이

$$\frac{\partial z_b}{\partial t} = -\frac{1}{1-\lambda}\left(\frac{\partial g_x}{\partial x} + \frac{\partial g_y}{\partial y}\right) \qquad g_x, g_y : \text{total load}$$

λ : void ratio

1차원 연직 :

$$\frac{\partial}{\partial z}\left(D_z \frac{\partial c}{\partial z}\right) + w_f \frac{\partial c}{\partial z} = 0\ , \qquad D_z \frac{\partial c}{\partial z} + w_f c = 0$$

D_z=conot면 $c = c_a \exp\left(\frac{-w_f-(z-a)}{D_z}\right)$ Rouse의 곡선

c_a : a에서의 c

a : 기준면

제7장 해저 지반과 기초

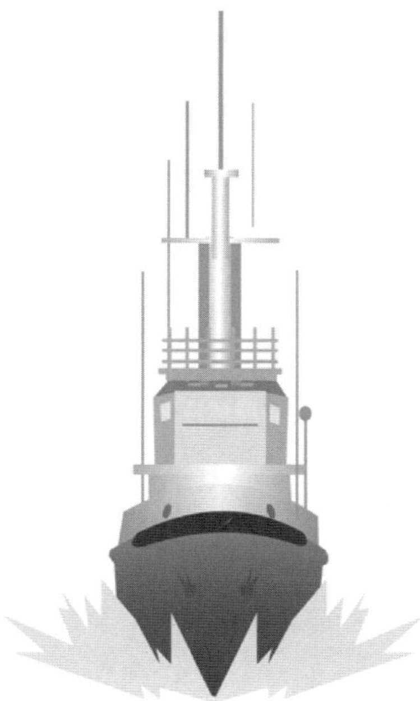

7.1 개　요

해저 지반의 종류에 따라 구조물 기초의 종류, 형상, 크기를 적절하게 선정하여야 한다.

7.2 암석 지반

해안의 지반이 암반일 경우에는 지지력이 상대적으로 높으므로 기초를 설치하기에 유리하다. 구조물의 기초를 암반의 조건에 맞게 설계할 필요가 있다. 암석의 종류와 풍화된 정도에 따라 지지력이 다른 점을 고려할 필요가 있다. 세굴의 위험이 낮은 편이다.

7.3 사질 지반

현장 토질의 지지력을 기준으로 기초를 설계하여야 한다. 사질의 종류에 따라 지지력이 다르다. 세굴에 대한 대비를 하여야 한다.

7.4 연약 지반

지반이 연약층인 경우에는 중력식 기초를 설치하기 위하여 지반의 지지력을 강화하는 공법을 사용하는 경우가 많다. 연약지반층에서만 말뚝식 기초를 지지하는데 한계가 있으므로 연약층 저면의 암석층까지 도달하는 말뚝식 기초를 사용하는 경우도 있다.

연약 지반상에 중력식이나 말뚝식 기초를 설치한 경우 어떤 경우에도 세굴에 대하여 안전하여야 한다. 말뚝식 기초 사용시 말뚝이 저면의 암석층에 닿는 경우에도 말뚝이 주변 토사가 완전히 세굴로 인하여 사라진 경우에는 말뚝으로서의 기능을 할 수 없게 되므로 세굴을 방지할 수 있도록 시공하여야 한다.

7.5 준설 및 매립

7.5.1 준 설

준설선

- grab dredger, 토량산정
- dipper dredger
- bucket dredger
- pump dredger

7.5.2 매 립

방법

- 토운선 ; 준설선
- 호안 종류
- 고려사항 : 호안비 ; 공유수면매립법 ; 어업권 ;
- 지반(연약)처리·개량

제8장 해안 구조물

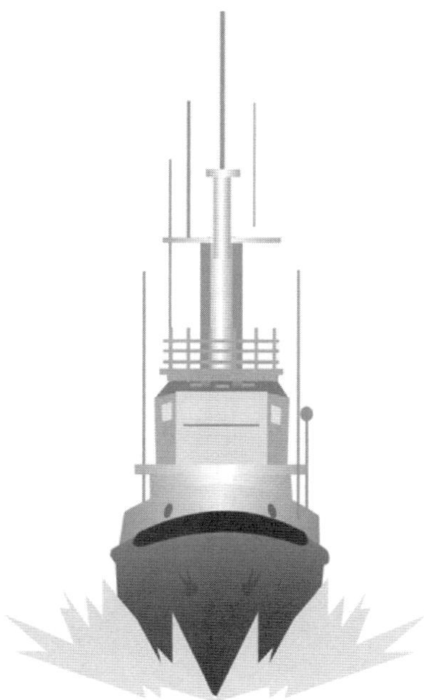

8.1 해안 구조물 종류

- 직립 구조물; 직립 제
- 경사 구조물; 경사 제
- 혼성 구조물; 혼성 제

8.2 직립 구조물

- 케이슨 제(caisson) 제
- 블록 (block) 제
- 격벽 (cellular block) 제
- 단괴 (mass concrete) 제
- 돌 붙임 제
- 돌 틀 제
- 널말뚝 (sheet pile) 제

8.3 경사 구조물

8.3.1 항만 시설물 설계 기준서

- 벽면에 파봉이 있을 때

(3) Goda 공식 : 중복파~쇄파에 걸쳐 사용가능

$\eta' = 0.75(1 + \cos\beta)\, Hd$

$P1 = 0.5(1 + \cos\beta)(\alpha 1 + \alpha 2 \cos^2\beta)\, W0\, Hd$

$P2 = P1 / \cosh(2\pi h / L)$

$P3 = \alpha 3 P1$

$\alpha 1 = 0.6 + 0.5 [(4\pi h / L) / \sinh(4\pi h / L)]^2$

$\alpha 2 = \min [hb\text{-}d / 3hb\, (Hd/d)^2,\ 2d/Hd]$

$\alpha 3 = 1 - h' / h (1 - 1 / \cosh(2\pi h/L))$

η' : 정수면상 파압강도가 0인 높이 (m)

P1 : 정수면의 파압강도 (t / ㎡)

P2 : 해저면의 파압강도 (t / ㎡)

h : 직립벽 전면의 수심 (m)

hb : 직립벽 전면에서 외해로 SH 1/3 떨어진 지점의 수심 (m)

h′ : 직립벽 저면의 수심 (m)

d : 근고공의 수심 (m)

W0 : 해수의 단위중량 (t / ㎥)

Hd : 설계 파고 (m)

L : 파장

β : 파의 주방향에서 ± 15 ° 범위 내에서 직립벽 법선의 수선과 가장 가까운 각

8.3.2 파 력

(1) 파 압

1-1 파압의 분포

① 중복파의 파압

② 쇄파압, 충격쇄파압

③ 양압력

1-2 중복파의 파압공식

① 중복파의 파압공식 적용범위

② Sainflou 공식

③ 월파발생시의 파압

④ 양압력

⑤ 파향의 영향

⑥ 부분 쇄파압

1-3 쇄파의 파압공식

① 일반

② 히굴이 공식

③ 양압력

④ 파향 보정

1-4 기대활동량 방식

1-5 사면피복재의 소요중량

① Hudson 공식

② van der Meer 공식

③ 파향의 영향

8.3.3 구조물에 대한 파랑의 작용 ----〉

- $\begin{cases} pile \\ wall \\ rubble \end{cases}$
- $\begin{cases} non-breaking \\ breaking \\ broken \end{cases}$

8.3.4 파력

$$\begin{cases} \dfrac{h}{H} \geq 2 & : \text{중복파} \\ \dfrac{h}{H} < 1.5 \sim 2.0 & : \text{쇄 파} \end{cases}$$

{ ⋆ 적절한 계산 또는 수리실험요
  ⋆ 파의 불규칙성 고려요

8.3.5 중복파의 파압

- Sainflou 공식 :

$$P_h = \rho g h \pm \frac{\rho g h}{\cosh \frac{2\pi h}{L}}$$

h_0 : 정수면 ~ 물입자 궤도 중심까지의 거리

$$= \frac{\pi H^2}{L} \coth h \frac{2\pi h}{L}$$

8.3.6 쇄파의 압력

(1) Minikin 공식 : 충격압과 정수압으로 구분 ->

$$\begin{cases} breaking\ wave \\ broken\ wave \end{cases}$$

① 충격압 : $p_m = 102.4\ \rho g d (1 + \frac{d}{h}) \frac{H}{L}$

$$p_z = p_m (1 - \frac{2Z}{H})^2$$

$$P = \frac{1}{3} p_m H$$

② 정수압 : 수위가 $\frac{H}{2}$ 상승했을때의 증가된 정수압

$$p_s \begin{cases} = \rho g (\frac{H}{2} - Z) & Z \geqq 0 \\ = \rho g \frac{H}{2} & Z < 0 \end{cases}$$

(2) Hiroi(廣井) 공식 :

$$p = 1.5 wH, \quad -h \leq Z \leq 1.25H$$

(균일)

8.3.7 입사파 각도와 파력

$$p_\alpha = psin^2\alpha \rightarrow psin\alpha$$

(Wrong!) (Correct!)

- 벽면에 파곡이 있을때 : 부압(양압력)

  : 楊壓力 검토요 : $p_u = \frac{1}{2}(1+cos\beta)\alpha_1\alpha_3\omega_0 H_D$
- 설계파고 · 파장 : 제일 큰 파력 고려요
- 소파블록으로 피복된 직립벽에 작용하는 파력 / 충격 쇄파력 : 수리실험요

  $\begin{cases} Goda \text{ 식} \\ Morihira \text{ 식} \end{cases}$
- 법선형의 영향 고려
- 수심급변부
- 직립소파케이슨 : Goda식 준용
- 사면의 비복석 · 블록의 안정중량
- 해중부재 : Morison 식
- 대형고립구조물 : 수치 또는 수리 실험요
- 부유체
- 흐름에 대한 일정중량

- 참고자료: 오영민.1994. 혼성 방파제에 작용하는 중복파압. 서울대학교 박사학위 논문

  ＊설계조위:

  조석, 폭풍해일, 지진해일, 부진동 ← 항만 시설물 설계기준서

  기왕의 고극조위, 저극조위 참고

  높은 조위 기준 : 마루높이

낮은 조위 기준 :

① 기왕고극조위 + 약간의 여유

*고극조위 자료에는 부진동제외됨

② 대조평균고조위 + 기왕최대조위편차 또는 모델 해일의 조위편차)

③ 기왕의 연별이상고조위의 발생확률곡선에서 일정재현년도 기간중의 발생횟수 1인조위

④ 이상고조위의 발생확률과 각 조위에 대한 배후지의 피해액 감안후 결정 →인문사회적 관점의 고려

⑤ 장기 해수면

- 공사에 의한 조위 변화를 예측하여야 하는 경우가 많음. 이 때 공사 단계에 따라 조석 체계의 변화가 다르므로 필요한 단계마다 예측을 수행하여야 함.

제9장 항만의 역할과 현황

9.1 역사

9.2 기능

9.3 행정 경영

9.4 항만 계획

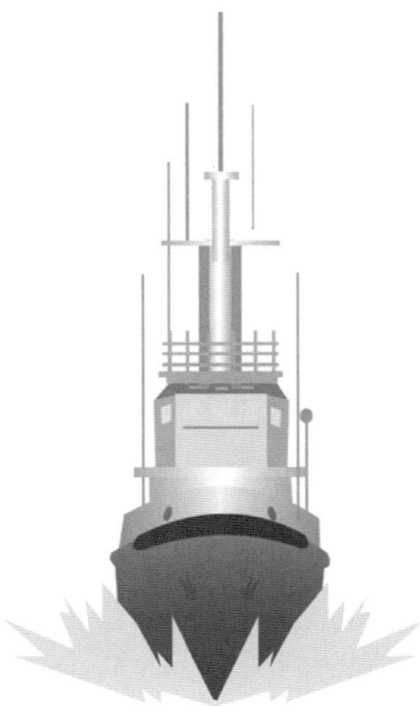

9.1 역　사

- 항만 역할의 중요성 : 사회간접자본
- 항만의 증가　추세 : 자료 출처: 해운항만청
  　　　　　예측 : 자료 출처: 항만편람
- 항만의 특수성 : 바다를 접함 ; 육상시설
- 항만의 구분
  - 목적에 의한 구분 : 상항, 공업항, 어항
  - 위치에 의한 구분 : 연안항, 하구항, 하항 (Estuary)
  - 구조에 의한 구분 : 폐구항, 개구항
  - 행정적 구분 : 1종, 2종(지정)항만, 지방항만
    1종어항, 3종어항(중앙관리), 2종어항(지방관서 관리)
  - 관세법상 구분 : 개항, 불개항
- 항만의 기능 : 국내화물 수송의 30% 담당 (1979); 어항은 비교적 작아
- 선박과 항만 : 크기(길이.폭), 흘수, 종류, 화물적재량
  → 박지의 수심, 부두 치수, 박지의 수면적, 육상의 하역기계, 창조
- 선박의 구분 :
  - 목적에 의한 구분 : 객선, 화물선(유조선, 석탄 및 광물선, 화차운반선, 컨테이너선), 화객선, 어선
  - 무게 표시 단위 : 배수톤수(displacement tonnage), 중량톤수 (D.W.T), 총톤수 (G.T), 순톤수 (T.N)
    배수량 화물만재 배수톤수　전용적/2.38m^3　빈용적/2.38m^3
  - 무화물 배수톤재(2.38m^3 = 100ft^3)

= 적재가능한 화물중량

○선　○톤수 = 길이, 폭, 흘수 구할 수 있음

Coastal Engineering

- 우리나라의 총 선박 보유량 :5,000,000 D.T 1%(세계 420,000,000D.T 세계 17위)
  유조선 보유량:1,800,000 D.T 1%(세계 180,000,000D.T 세계 17위)~(최대유선×4척)

9.2 기 능

- 항만의 구분
· 천연항 또는 인공함 목포 원산
  · 지질 : 사빈항, 암반항
  · 계절 :동항(凍港),동항(冬港),부동항
  · 조석영향 : 감조항, 불감조항
- 항만의 건설 · 개발의 동기 (공학보다 사회학적 요소 중요)
  · 생활 수준 향상, 교류 증대 (해상수송 편리)
  · 자원 개발, 산업발달
  · 선박 발달 → 항로 심화
  · 지역 경제 성장 (배후지)
  · 안전성 확보 요구, 효율성 증가 요구 (신속성)

9.3 행정 경영

항만을 단위로 운영하고 경영할 필요가 있으므로, 모든 항만은 행정 단위로 구분된다. 이러한 항만은 운영하고 경영하는 주체는 우리나라의 경우에는 국가이며, 그 중에서도 행정부 내의 해양수산부이다. 해양수산부 내의 여러 국에서 병렬적으로 항만과 해운을 관리 경영하고 있다.

광의의 항만 행정은 물류, 교통, 해운, 도시계획, 건설, 국방, 관광과도 서로 연계되어 있으므로, 범위가 매우 넓으나, 협의의 항만 행정은 항계를 기준으로 내측의 항만구역과 육상의 임항지구를 대상으로 하는 행정으로 한정할 수 있을 것이다.

9.3.1 대상 항만

우리나라는 북쪽을 제외하고는 해안으로 둘러싸여 외국과의 교역을 위한 항만이 발달하였다. 남북한을 합하여 해안선이 약 1 만 7 천 km 이나 된다. 항만의 수는 2006년 현재 약 1 천 8 백여개에 이른다.

9.3.2 항만법

개개 항만의 건설과 관리는 해양수산부 장관이 담당하거나, 해양수산부 장관이 지방자치단체장 또는 공공단체에 위임하는 것으로 하며, 이 경우 해양수산부 장관이 지휘·감독·조정하는 것으로 되어 있다.

항만은 소재하고 있는 도시나 지역의 기능과 분리하기 어려운 밀접한 관계에 있으므로, 항만의 관리 주체로서 적합하다.

항만의 기능이 소재하고 있는 지방에만 중요한 것이 아니라 국가적인 차원에서도 매우 중요하다. 교통, 국토의 균형 발전, 지역간 역할 분담, 산업

발전의 매체로서 국가적 관리 대상일 수 밖에 없다. 이러한 이유로 항만 정비에 관하여 중앙 정부의 역할이 필요하며, 항만의 건설 비용을 국고에서 보조할 수 있도록 항만법에 규정하여 두었다.

9.3.3 항만 경영

1994 년 일본 고베 항에 지진이 일어나 항만의 기능이 일시적으로 마비되다시피 하였다. 당시 환적 화물이 큰 비중을 차지하여 동북아 일대의 허브항 중 하나의 역할을 하던 고베 항은 상당한 타격을 입게 되었다. 이 후 우리나라에서는 부산 외곽에 신항 (Busan Port)을 건설하여 동북아 허브항의 역할을 맡을 수 있도록 계획, 건설 중에 있다. 정부는 또한 여수 인근의 광양만 내에 광양항을 확장하여 신항과 더불어 국제 화물의 거점으로 삼고자 건설사업을 진행 중에 있다.

항만을 건설한 후에는 항만을 잘 경영하여야 한다. 항만을 경영하는데 따라서 국가적으로나 지방자치단체로서 이익을 극대화하고 국가의 발전에 도움을 줄 수 있다. 항만의 경영을 국가, 지방자치단체에서 직접 담당하는 경우, 기업체의 특성을 포함하는 항만공사와 같은 공공단체에 위임하는 경우, 항만 위원회에 위임하는 경우, 여러 항만 관련 단체가 공동으로 자치조합을 결성하여 자치적으로 관리하는 경우가 있다. 어떠한 경우에도 효율적이고 기업적인 경영이 바람직하다고 하겠다.

경영의 대상 중 중요한 요소 중 하나는 고객이 되는 화주, 선박회사의 이해를 잘 파악하여 영업적 관점에서 관리할 필요가 있다. 대기 시간의 단축, 선적 하역 시간의 단축, 행정 절차의 간소화, 선적 하역의 자동화, 안전성 확보, 서비스 요금의 인하, 연결 항로의 편의, 정기 항로의 확보와 같은 다양한 요소를 종합적으로 고려하여 서비스의 품질을 향상하여야 한다.

9.4 항만 계획

기존 항만을 증설하거나 신항만을 건설하고자 하는 경우 항만 계획을 하여야 한다. 항만 계획은 항만의 수요에 맞게 수행되어야 한다. 항만의 수요는 개별 항만의 기능만 고려하여 예측하기보다 전국 또는 권역의 항만의 기능을 고려하여 개별 항만의 기능을 산출하는 것이 보통이다.

항만이 국가 전체의 경제 상황과 관련이 있고, 사기업체의 이해와도 관련이 높기 때문에 국가 전체의 종합개발계획과의 조화를 이루는 항만계획을 하여야 한다. 항만계획은 추진주체에 따라 개발구모나 형태가 달라질 수 있으며, 국가 전체의 항만개발계획에 배치되지 않아야 한다. 항만건설로 인한 이익은 일차적으로는 수송비용 절감이겠으나, 이차적 삼차적 영향이 있으므로 계획시 이러한 요소를 최대한 고려하는 것이 바람직하다.

- 항만계획의 내용
- 항만계획의 입안과 작성절차
- 항만계획의 종류
- 항만계획의 목표설정
- 항만계획의 경제성 평가

제10장 항만 시설물 설계

10.1 개　요

10.1.1 항만계획 개요

(1) 항만 성격의 결정
(2) 항만의 규모 결정: 장래의 확장계획 고려
(3) 항만의 위치 선정
(4) 항만 시설물의 배치: 장래의 확장 계획 고려

10.1.2 항만의 화물과 하역 능력

10.1.3 화물의 종류(선화)

- 잡화(general cargo): 포장 (pallet contain etc) 일반화물
- 산화(bulk cargo) = 나화: 비포장

10.1.4 하역(cargo handing)

- 접안하역
- 해상하역 – 참고문헌(port Planning) 해상정박 – 묘박(anchoring), 부표박(buoy)
- 편현하역
- 양형하역

10.1.5 하역능력

잡화;산화

10.2 수역 시설

10.2.1 수역시설 계획

10.2.2 박지의 조건(anchorage)

10.2.3 항내의 정온

0.6m 미만 : 해상 하역시

10.2.4 박지의 수심

- 선박의 최대 흘수 +0.3m(+$\frac{2}{3}H_S$)
- +0.5m(+$\frac{1}{2}H_S$)

10.2.5 박지의 면적

그림 제시

- 닻 or 계선부표(buyo)
- 해상정박 ─ 묘박(ancharing)- chain길이 = 4~7D(6D), 수심
  ─ 부표박
- 접안정박

10.2.6 항로와 회선장

- 왕복 항로의 폭 ≥1~1.5L

  L:선박의 길이(통행량이 많으면 늘어야 한다)
- 편도 항로의 폭 ≥0.5L
- 항로의 수심 ≃ berth 의 수심 또는 초대형선 선박의 트림, 복항, 저질, 조항의난이도 고려
- 회선장의 지름 ≥2L (예인선 사용시) -> 1.5L

  ≥3L (자체 회전시) -> 2L
- 법선 결정:
  - 바람과 조류 방향과 직각이면 NG
  - 파랑은 -횡파(소형선)이 NG
  - 추파(추월)(대형선)이 NG : 항구에서 45° 이내의 추파 피함
  - 정지거리 ≃4L+L(여유)
  - 교량 가설시 clearance 확보용

10.2.7 부두의 위치선정

(1) 지질

(2) 항구로부터의 거리

(3) 수역(수심, 정온도)

(4) 배후 육지

(5) 확장 가능성

10.2.8 부두의 치수

연간화물량/하역능력 = ( )m

slip의 폭

1. berth　　berth의 길이: L+(15~30) or L+0.2L 계선빗줄등(소형)

2. berth

3. berth , 3 berth이하: B $\geq$L

4 berth 이상: B $\geq$1.5L

10.2.9 Sea berth

- 석유 석탄
- dolphin, 대형부표

10.2.10 박거식 부두(wet dock)

- 수문식(1수문)
- 갑문식(2문)

10.2.11 공업항 계획

10.2.12 하구항 계획

10.3 외곽 시설

10.3.1 외곽시설의 계획

10.3.2 방파제, 방사제, 도류제 배치

10.3.3 방파제 배치

그림3-4

10.3.4 항구의 위치와 폭

폭: 200m 10000t 이하 선박

300~400m 50000~100000t 선박

10.4 부두 계류 시설

10.4.1 용 어

“암벽”

“잔교”, “부잔교” “pontoon"

"중력식 옹벽구조“

“물양장”: 소형선박

“돌핀(dolphin): 주상체 해중 설치

“돌제부두 (jetty)"

"평행부두“

“도식부두”

“굴입식 부두; 박거부두”: 개구리 or 폐구식

- 항로 굴곡부의 교각 ≤30°
- 30° 초과시 곡률 반경 R≥4L , 가장자리 마무리요
- 선회전(turning circle)
- 선회경: 최대 타각 35° 인 경우 D=5~7L
  최대종거=4~6L
- 항로 굴곡부의 곡률반경 4L의 근거: 7L의 50%+0.5L여유=4L
- "kick" 배끝이 비 회두측으로 나가는 현상
- 상선: 우선회, 단추진기(righ-handef single screw):우회두용이, 좌회두곤란

*조선수면
회선장(turning basin)

*계류 ― 입선접안, “해람” 출발
― 출선접안

10.4.2 부두계획(wharf)

*선류장 :소형선박 계류용 수면

10.5 육역시설

항만의 육역에는 수역에서와는 달리 복합적인 기능을 수행할 수 있는 여러 시설이 필요하다. 예를 들면, 헛간, 창고, 야적장, 부두뜰, 목재취급시설

과 같은 화물의 점검과 보관을 위한 시설과, 임항철도, 임항도로, 운하와 같은 육상교통시설이 있다. 이들을 계획할 때 각각의 시설의 목적과 운영 특성을 고려하여 적절한 규모, 배치, 부속시설을 포함하여야 한다.

- 헛간
- 창고
- 야적장
- 부두뜰
- 목재취급시설
- 임항철도
- 임항도로
- 운하

제11장 해안 수질 환경

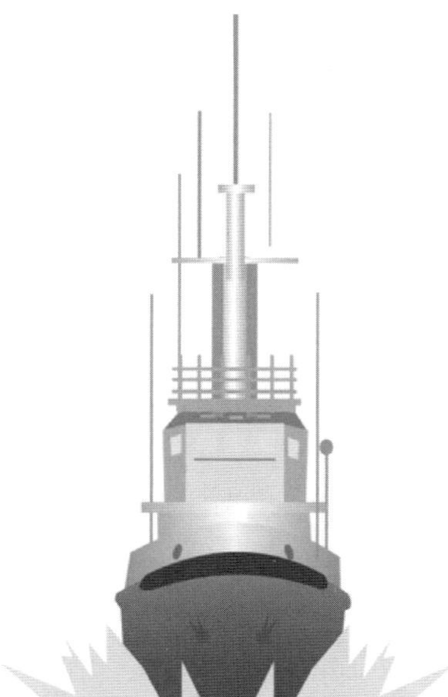

11.1 해안 수질 환경 개요

협의의 의미의 환경은 주로 오염이라고 할 수 있을 것이다. 그러나, 환경의 의미를 광의로 해석한다면 풍광, 쾌적함, 관광성, 친수성, 접근성, 비인공성, 타동식물과의 공생, 안전성 확보, 해저 또는 해안 지형의 보존과 같은 다양하고 다각적인 의미를 내포하기도 한다. 이 중 오염의 문제를 우선적으로 보는 견해가 있다.

11.2 해안 수질 오염의 종류

해안에서의 오염 문제는 해수의 오염, 해저질과 해안선 퇴적물의 오염 문제로 크게 나눌 수 있다. 오염의 내용상으로는 용존산소량, 산소요구량, 산성도와 같은 해수 내 용해 물질, 영양염류의 양이 증요하며, 중금속의 농도도 중요시하고 있다.

11.2.1 대상 물질

- Salinity, 수온(예 : 온배수, 저온피해), pH
- COD, BOD, DO
- MABS(계면활성제)
- 영양염류 NO_2-, NO_3- ,Po_4-, $Si(OH)_4$, NH_4+
- 중금속 Cd, Cu, Pb, Fe, Zn
- 유지류, 클로로필, 황화수소
- SS
- 대장균수

해양수산부는 전국 주요 해역을 25개소로 구분하여 수질을 점검하고 있다. COD 농도를 기준으로 1mg/L 이하는 1 등급, 1 ~ 2 mg/L는 2 등급, 2mg/L 이상은 3등급으로 구분하고 있다.

근래의 조사 결과에 의하면 우리나라 해안에서는 전반적으로 동해안의 수질이 서해안이나 남해안에 비하여 좋은 편이다.

11.3 해안 오염 방지 대책

해안이 오염되었다면 이를 복원하는 기술이 필요하다. 반면 해안이 오염될 우려가 있는 경우에는 이를 방지하는 기술이 필요하다.

현재 우리나라 연안역의 해수와 해저질의 종합적인 오염 상황은 잘 알려져 있지 않은 실정이다. 국소적으로 하구역이 오염되었거나, 방조제 내측의 인공 호수나 방파제로 둘러쌓인 항내의 해수가 오염된 사례는 많이 알려져 있다.

해안 개발로 인하여 공사 중이거나 공사 후에 해수나 해안 퇴적물이 오염될 위험이 많다. 따라서, 개발사업을 추진하는 중 적절한 단계에 개발사업의 규모에 따라 환경영향평가나 사전환경영향평가를 시행하도록 규정하고 있다. 환경영향평가의 세부내용으로는 수질, 대기, 생태, 해저와 해안 지형변화, 공사중 부유사 확산과 같은 항목을 포함한다. 대상 해역에 따라 환경 요소의 우선 순위가 다르므로 해역의 상황을 종합적으로 고려하여 평가 대상 항목을 선정하여야 한다. 환경영향평가 내용으로는 현장 관측, 기존 자료 분석, 향후 오염 진행 예측을 포함하는 경우가 많다. 미래의 오염 예측 기법 중에는 수치모형실험이 있으며, 계속하여 활용도가 높아가는 추세이다.

해안 수질 오염 문제 중 중요한 문제부터 검토하여 보기로 한다.

11.3.1 유류 오염

해안 오염 중에서 가장 빈번하고 피해가 큰 문제 중 하나는 유류 오염 문제이다. 해상 사고를 줄일 수 있는 예경보체계 개선, 선박의 안전장치 개선과 같은 예방 차원의 대책이 중요하다.

그러나, 유류 누출 사고가 발생한 후에는 이와는 달리 신속하게 유류의 이동 확산을 억제하고 오염원인 유류를 효율적으로 수거하며, 중요한 해역이나 해안에 접근하지 못하게 방지하는 것이 중요하다. 해안이 오염이 되었다면 오염으로 인한 피해를 줄일 수 있도록 오염 물질을 제거를 하여야 한다. 유류망(oil fence), 특수 유류수거 선박을 사용하고 있다.

11.3.2 적 조

해안으로 유입되는 영양염류가 과다한 경우 여러 가지 해악이 발생한다. 그 중 하나는 적조(red tide) 이다. 플랑크톤 중 일부는 독성을 가지고 있으며, 인근의 생태계와 양식업에 충격을 미치는 경우가 있다. 플랑크톤의 과잉성장으로 인하여 해중의 태양광의 감소와 산소의 부족이 인근 생물에 나쁜 영향을 미친다는 견해도 있다.

적조를 방지하는 방안은 크게 적조가 발생하기 쉬운 조건 중 하나인 영양염류의 유입량을 억제하는 방안과, 적조 발생 예상 해역이나 적조 발생 해역에 적절한 조치를 취하는 방안으로 나눌 수 있다.

대상 해역으로의 유입 영양염류를 줄이기 위하여서는 해안으로 유입하기 전 하천 중상류에서 충분한 수준의 하수처리를 하는 것이 필요하다.

일단 적조가 발생하기 시작하면 이를 신속히 보도하여 피해를 줄여야 한다. 적조 발생 해역에 황토를 살포하는 방법을 사용하여 왔다. 이의 효과는 명확히 조사된 바가 없는 실정이다. 화학 약품을 살포하는 화학적 방법, 전기적 방법, 필터링과 같은 물리적 방법, 천적을 활용하는 생물학적 방법을 개발하여 왔으나 대부분의 방법이 아직 실용적인 수준에 도달하지 못하였으며, 적조의 억제 효율을 높이기 위한 추가적인 노력이 필요하다고 하겠다.

해안공학-Coastal Engineering

초판인쇄 2006년 2월 20일
초판발행 2006년 2월 25일
1판2쇄발행 2017년 3월 15일

저 자 김효섭
발 행 인 유지수
발 행 처 국민대학교 출판부
주 소 서울시 성북구 정릉로 77
전 화 910-4242

등록년월일 1975. 6. 17.
등록번호 제6-33호
인 쇄 삼아인쇄사

 ISBN 89-7812-148-9 93500 8,500원

국립중앙도서관 출판예정도서목록(CIP)

해안공학 = Coastal Engineering / 저자 : 김효섭.
— 서울 : 국민대학교 출판부, 2006 (2017 2쇄)
p. : cm
ISBN 978-89-7812-148-4 93500 : ₩8,500
해안공학[海岸工學]
538-KDC6
627.58-DDC23 CIP2017006462